中等职业学校数控技术应用专业改革发展创新系列教材

CAXA 电子图板 2011 机械版

方　俊　葛冬云　龙兆良　主　编

都昌胜　李傲寒　姚先平　副主编

U0285184

中国铁道出版社

CHINA RAILWAY PUBLISHING HOUSE

内 容 简 介

本书详细介绍了 CAXA 电子图板 2011 机械版的应用技巧与操作步骤,通过"目标引领、任务驱动"的方式来引导学生在具体任务的操作中掌握软件应用知识。全书分三个项目,共计 13 个任务。每个任务设有任务背景、任务设置、任务目标、任务分析、操作步骤。通过完成具体任务掌握软件的基本操作知识,使读者真实地体会到使用 CAXA 电子图板解决实际问题的工作流程和操作方法。知识链接部分介绍在完成任务中涉及的重要知识点并进行分析,从而使学生系统地掌握 CAXA 电子图板的知识体系。思考与练习部分以练习题的形式提供给读者练习提高的机会。

本书适合作为中等职业学校 CAXA 电子图板课程的教材,也可作为制图员考证的培训教材,同时也适用于具有一定经验的设计人员和开发工作者。

图书在版编目(CIP)数据

CAXA 电子图板:2011 机械版 / 方俊,葛冬云,龙兆良
主编.—北京:中国铁道出版社,2012.9(2016.2 重印)
中等职业学校数控技术应用专业改革发展创新系列教材
ISBN 978-7-113-14845-4

Ⅰ.①C… Ⅱ.①方… ②葛… ③龙… Ⅲ.①自动绘图—
软件包—中等专业学校—教材 Ⅳ.①TP391.72

中国版本图书馆 CIP 数据核字(2012)第 192439 号

书　　名:	CAXA 电子图板 2011 机械版
作　　者:	方　俊　葛冬云　龙兆良　主编
策　　划:	陈　文
责任编辑:	李中宝
编辑助理:	赵文婕
封面设计:	刘　颖
责任印制:	李　佳

出版发行: 中国铁道出版社 (100054,北京市西城区右安门西街 8 号)

网　　址: http://www.51eds.com

印　　刷: 河北新华第二印刷有限责任公司

版　　次: 2012 年 9 月第 1 版　　2016 年 2 月第 2 次印刷

开　　本: 787mm×1092mm　1/16　　印张:13　字数:318 千

印　　数: 3 001~4 000 册

书　　号: ISBN 978-7-113-14845-4

定　　价: 28.00 元

前　言

CAXA 电子图板是北京数码大方科技有限公司开发的一套高效、方便、智能化的绘图和设计的 CAD 软件。CAXA 电子图板提供形象化的设计手段，帮助设计人员更有效地进行设计，以提高工作效率、缩短产品的设计周期。利用 CAXA 电子图板可以进行零件图设计、工艺图表设计、平面包装设计、电路图设计、建筑图纸设计等。

CAXA 电子图板 2011 机械版作为新开发的版本，经过 CAXA 软件工程师的大量操作实验和技术创新，提供了更强大、高效的 CAD 制图功能。在 2011 机械版新版中，电子图板提供了与 AutoCAD 全面兼容的新操作界面和新操作方式，增强了软件的自定义操作界面的能力，提供了更多、更快的绘图手段，完善和增强了的数据交换和兼容能力，不留余力地为工程制图人员提供符合最新标准和更丰富的国家标准图库。

本书共分三个项目，十三个任务。

项目一，初试 CAXA 电子图板：本项目简单地介绍了 CAXA 电子图板 2011 机械版的基本操作，并通过绘制国旗让学生了解 CAXA 电子图板 2011 机械版的一般操作方法及计算机绘图的特点，目的是提高学生对这门课的兴趣。

项目二，机械零件图绘制：本项目根据机械零件的分类，分别介绍了各类机械零件的绘制及尺寸、符号的标注方法、方便的软件数据交换操作，是本教材的重点。

项目三，绘图技巧的综合运用：本项目通过工程图的绘制及制图员试题的练习，提高学生对绘图功能的综合运用能力及熟练程度，以达到中级制图员的操作水平。

本教材是学习 CAXA 电子图板 2011 机械版的入门教材。在编写上充分考虑职业学校学生的学习特点及制图员考试要求；同时本教材也充分考虑学生的认知水平和岗位需要，通过目标引领、任务驱动来引导学生在具体任务的操作中掌握知识，从而培养学生实际操作的能力。因此，教材具有很强的针对性、模块化和可操作性的特点。

本书由方俊、葛冬云、龙兆良任主编，都昌胜、李傲寒、姚先平任副主编，参加本书编写的还有裴晟、许明丑、徐秉然，编写分工如下：方俊编写项目一、项目二中任务二～四，葛冬云编写项目三任务二，都昌胜编写项目三任务一，李傲寒编写项目二任务七，姚先平编写项目二任务五，许明丑编写项目二任务一，裴晟编写项目三任务三，徐秉然编写项目二任务六。本书在编写过程中得到朱振宇、刘新祥、石茂竹等同志的大力支持，在此向他们表示感谢！

本书是笔者初次以任务驱动方式组织编写，由于编者的水平有限，加之时间仓促，书中存在不足和疏漏在所难免，恳请读者给予批评和指正。

为了方便读者学习和操作，本书提供了案例涉及的全部源文件和电子课件，可在中国铁道出版社网站下载。

编　者

2012 年 5 月 19 日

目　录

项目一 小试牛刀——初试 CAXA 电子图板

能力目标

熟悉 CAXA 电子图板 2011 机械版的用户界面，掌握其基本操作方法并能绘制简单图形。

知识目标

(1)掌握层、线型、线宽、颜色、捕捉点等设置方法。

(2)掌握点、直线、圆、矩形、正多边形等的绘制方法。

(3)能运用删除、裁剪、平移复制、旋律、阵列等功能编辑图形。

课时安排

12 课时(课程讲解 6 课时、实践操作 6 课时)

任务一 初识 CAXA 电子图板——卡通房子的绘制

任务背景

职业学校学生通过基础素质教育已具备计算机、制图基础知识，因此学生对 Windows 操作系统下的软件的使用已有一定的基础。在几乎真实的工作情景中完成教学任务，在实践中练习和使用软件，在练习中去学习并激发学生的学习兴趣，这是学习软件最直接、最有效的方法。所以本次任务通过绘制卡通房子，来熟悉 CAXA 电子图板的操作界面及基本操作。

任务设置

绘制如图 1-1-1 所示的卡通房子。

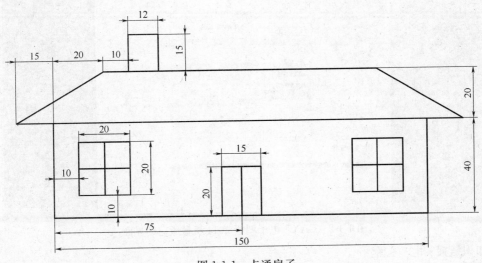

图 1-1-1 卡通房子

任务目标

通过卡通房子的绘制,应掌握以下操作:

◇ 熟悉 CAXA 电子图板 2011 机械版的用户界面
◇ 命令的执行方式
◇ 认识坐标系
◇ 数据点的输入
◇ 直线的绘制,线型、线宽及颜色的设置
◇ 显示控制

任务分析

卡通房子全部由直线构成,有不同的线宽和颜色。完成房子的绘制,要掌握直线(两点线)的绘制、线宽及颜色的设置。而两点线的绘制关键在于点坐标的输入,因此点的数据输入是完成本次任务的关键。

操作步骤

(一)熟悉 CAXA 电子图板 2011 机械版的用户界面

1. 启动 CAXA 电子图板 2011 机械版。

双击桌面上的 CAXA 电子图板 2011 机械版图标 ,或单击桌面上的"开始"按钮,选择"所有程序"→CAXA→"CAXA 电子图板 2011 机械版"命令,就打开了 CAXA 电子图板 2011 机械版界面,如图 1-1-2 所示。

图 1-1-2　CAXA 电子图板 2011 机械版启动界面

知识链接:用户界面

第一次启动 CAXA 电子图板 2011 机械版,会弹出"选择配置风格"对话框,如图 1-1-2 所示。CAXA 电子图板 2011 机械版提供了两种操作模式和两种风格界面。操作模式有经典模式和兼容模式:经典模式兼容电子图板传统操作习惯;兼容模式兼容其他 CAD 软件操作习惯。风格界面有经典模式和选项卡模式:经典模式界面简洁明了,提供了经典的菜单、工具条等界面元素;选项卡模式界面美观实用、提供了最新的 RibbonBar 等界面元素。"日积月累"文本框显示 CAXA 电子图板常用的应用技巧,每次显示一条。"日积月累"特别适合初学者,并可以通过单击"下一条"按钮来显示下一个提示技巧。

默认情况下,每次启动电子图板的同时,将显示"选择配置风格"对话框,取消选中"启动时显示"复选框,"选择配置风格"对话框就不会在启动电子图板时显示了。两种界面方式可以通过键盘上的功能键【F9】来进行切换。本书以经典操作模式和经典风格界面为例,介绍 CAXA 电子图板 2011 机械版的用户界面。

提示:除上述两种方法启动 CAXA 电子图板外,还可以通过 CAXA 电子图板应用程序启动。在电子图板的安装目录 CAXA/Bin32 中找到 CDRAFT-M. exe 文件,双击它就可启动 CAXA 电子图板 2011 机械版程序。也可通过打开计算机中已有的 CAXA 电子图板文件,来启动 CAXA 电子图板 2011 机械版。

2. CAXA 电子图板 2011 机械版的用户界面

CAXA 电子图板 2011 机械版的用户界面主要包括四个部分,即绘图区、菜单系统、工具栏、状态栏等,如图 1-1-3 所示。

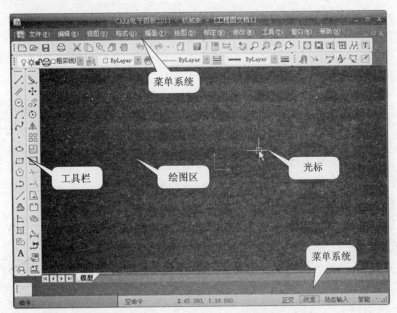

图 1-1-3　CAXA 电子图板 2011 机械版用户界面

(1)绘图区。绘图区是用户绘制、设计图样的工作区域,如图 1-1-3 所示。其中的坐标原点为(0.000,0.000),用户在操作过程中的所有绝对坐标均以此坐标的原点为基准,水平方向为 X 方向,并且向右为正,向左为负。垂直方向为 Y 方向,向上为正,向下为负。

鼠标在绘图区为十字形,图 1-1-4 所示的即十字光标,其中心有一个小方块,称为目标框,可以用来选择对象。鼠标在其他部分则显示为箭头,如图 1-1-5 所示。

图 1-1-4　十字光标

图 1-1-5　箭头

绘图区大小及颜色是可以改变的,通过"显示/隐藏"工具栏,可改变绘图区大小。本书为便于读者阅读,将 CAXA 电子图板 2011 机械版的绘图区颜色设置为白色。具体方法如下:

选择"工具"→"选项(N)..."命令,弹出"选项"对话框,如图 1-1-6 所示。单击"显示"选项,可根据需要设置坐标系、绘图区及光标的颜色等。

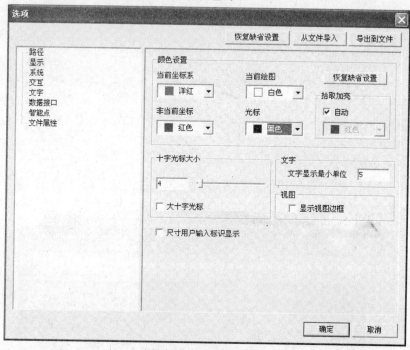

图 1-1-6　"选项"对话框

提示:单击窗口右边和下面的滚动条或拖动滚动条上的滑块可以移动绘图区域;可以通过键盘方向键来移动绘图区域,如果鼠标有中键,可按住中键移动绘图区。滚动中键或通过按【Page Up】和【Page Down】键可对绘图区进行放大和缩小。

(2)菜单系统。CAXA 电子图板 2011 机械版的菜单系统包括主菜单、工具点菜单、右键快捷菜单和立即菜单四个部分。

◆主菜单。主菜单处于屏幕的顶部,它由菜单栏及其下拉菜单组成。菜单栏中包括"文件"、"编辑"、"视图"、"格式"、"幅面"、"绘图"、"标注"、"修改"、"工具"、"窗口"和"帮助"菜单项,如图 1-1-7 所示。

◆工具点菜单。工具点菜单是在命令状态下,按【Space】键或【Shift】+右击鼠标弹出,用于选取作图所需的特征点,如图 1-1-8 所示。

提示:在绘图时,如果需要在屏幕上拾取点,按【Space】键,就会在屏幕上弹出屏幕点菜单,它包括了对各种点的拾取方式,此菜单使得在绘图时对点的拾取非常方便。

◆右键快捷菜单。右键快捷菜单是在无命令状态下,将鼠标光标指向某图形元素并右击后出现的菜单。此菜单包括了对图形操作的一些经常使用的编辑和操作,如图 1-1-8 所示。

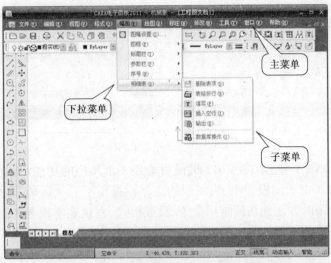

图 1-1-7 CAXA 电子图板 2011 机械版的菜单系统

提示：右击后出现的快捷菜单同当前绘图状态密切相关，在不同的区域或不同的绘图状态下右击，都会显示一个快捷菜单。显示的快捷菜单及提供的命令取决于当前光标的位置、对象是否被选中以及是否处于命令执行之中。若没有执行命令，则会弹出图 1-1-8 所示的默认快捷菜单。

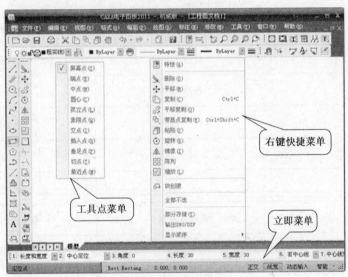

图 1-1-8 快捷菜单

◆立即菜单。立即菜单主要是针对具体的某个命令出现的菜单，在执行命令时要注意对立即菜单的选择使用，如图 1-1-9 所示。

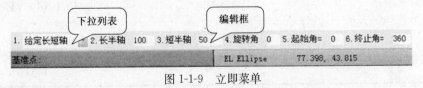

图 1-1-9 立即菜单

知识链接：立即菜单

立即菜单由下拉列表框和编辑框组成,如图 1-1-10 所示。对于立即菜单中的下拉列表框,用户可以单击下拉按钮(▼),弹出下拉列表框,如图 1-1-10 所示,移动光标选择一个选项;用户也可以按【Alt+数字】组合键进行选择。对于立即菜单中的编辑框,用户可以单击编辑框,通过键盘输入数字后进行修改。

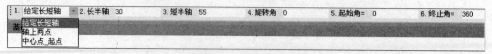

图 1-1-10 立即菜单的构成

(3)工具栏。CAXA 电子图板 2011 机械版增强了工具栏的功能,美化了图标,使绘图变得更加方便。CAXA 电子图板 2011 机械版的工具栏提供了五大区域 24 个工具栏。利用这些工具栏可以在绘图时方便地访问常用命令、设置模式、直观地实现各种操作,它是一种可以替代命令和下拉菜单的简便工具。标准工具栏如图 1-1-11 所示。

图 1-1-11 标准工具栏

表 1-1-1 所示为标准工具栏的含义及快捷键。熟悉快捷键,可以提高工作效率。

表 1-1-1 标准工具栏图标及快捷键

图 标	含 义	快 捷 键
	创建新文件	【Ctrl+N】
	打开文件	【Ctrl+O】
	保存文件	【Ctrl+S】
	打印文件	【Ctrl+P】
	剪 切	【Ctrl+X】
	复 制	【Ctrl+C】
	带基点复制	【Ctrl+Shift+C】
	粘 贴	【Ctrl+V】
	选择性粘贴	【Ctrl+R】
	取消操作	【Ctrl+Z】
	重复操作	【Ctrl+Y】
	清 理	—
	帮 助	【F1】

知识链接:工具栏

工具栏是可以显示或隐藏的,由于屏幕大小有限,我们在使用 CAXA 电子图板 2011 机械版过程中常常会根据需要显示或隐藏一些工具栏。显示或隐藏工具栏的方法如下:

①右击任意一个工具栏所在的区域,弹出图 1-1-12 所示的菜单,在菜单中列出了主菜单、工具条、立即菜单和状态条,菜单左侧的该选框中显示出工具栏当前的显示状态,带"√"的表示当前工具栏正在显示,选择菜单中的选项可以在显示和隐藏工具栏之间进行切换。

②选择"工具"→"自定义界面"命令,弹出"自定义"对话框,选择"工具栏"选项卡,如图 1-1-13 所示。在工具栏下拉列表框中显示出工具栏当前的显示状态,带"√"的表示当前工具栏正在显示,选择菜单中的选项可以在显示和隐藏工具栏之间进行切换。

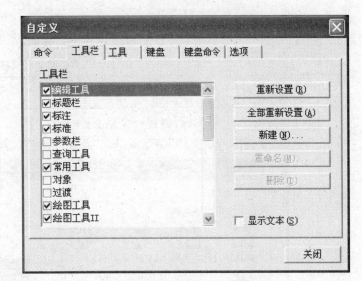

图 1-1-12 工具栏右键菜单　　　　　　图 1-1-13 "自定义"对话框

(4)状态栏。状态栏位于 CAXA 电子图板 2011 机械版的最下部,用于显示或设置当前的绘图状态。提供了多种显示当前状态的功能,它包括屏幕状态显示、操作信息提示、当前工具点设置及拾取状态显示等,如图 1-1-14 所示。

◆命令及操作信息提示区。命令及操作信息提示位于屏幕的左下角,如图 1-1-14 所示,提示当前命令执行情况或提示用户输入有关数据。系统同时也是命令与数据输入区,可以用于由键盘输入命令或数据。

◆命令提示区。命令提示区提示当前的键盘命令输入格式。

◆坐标显示区。坐标显示区显示当前十字光标所在位置的坐标,且随光标的移动而动态显示。

◆设置区。设置区位于屏幕的右下角,有"正交模式"、"线宽设置"、"动态输入"等功能按钮和点捕捉模式选项。单击某一按钮,可将其打开或关闭。在点捕捉模式选项区,可设置点的捕捉状态,即"自由"、"智能"、"栅格"和"导航"四种方式。

图 1-1-14　CAXA 电子图板 2011 机械版状态栏

提示：为方便起见，本书将"CAXA 电子图板 2011 机械版"简称为"CAXA 电子图板"。

(二)绘制卡通房子

1. 打开 CAXA 电子图板，创建一个新文件

(1)选择"文件"→"新文件"命令或单击"新建"□按钮，弹出图 1-1-15 所示的对话框。

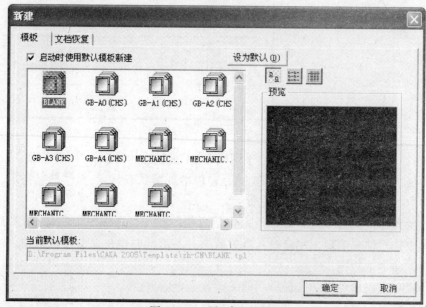

图 1-1-15　"新建"对话框

(2)选择"模板"选项卡，在其下拉列表框中单击"确定"图标，单击"确定"按钮，系统创建一个新的空白文件。

提示：在第一次启动 CAXA 电子图板时，系统会弹出"新建"对话框，在"新建"对话框中

CAXA 电子图板提供了 BLANK、GB-A0、GB-A1 等 11 个模板,选择其中一个设为默认方式,以后在启动 CAXA 电子图板时就会自动按默认的模板建立一个新文件。

2. 绘制卡通房子的外轮廓

(1)设置绘图线型。方法如下:

①选择"格式"→"线型(I)…"命令或单击工具栏中"线型"▨按钮,弹出图 1-1-16 所示的"线型设置"对话框,选择 ByLayer 线型,单击"确定" 确定 按钮,完成线型设置。

②单击工具栏 —— ByLayer ▾ ▨ 的(▼)按钮,在弹出的下拉列表框中选择 ByLayer 线型,完成线型设置(线宽按系统默认值),如图 1-1-17 所示。

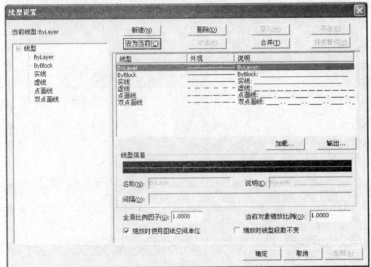

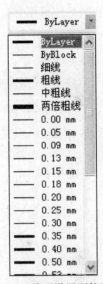

图 1-1-16　"线型设置"对话框　　　　　　　图 1-1-17　线型设置下拉列表框

(2)设置绘图颜色。选择"格式"→"颜色"命令或单击工具栏中"颜色"⬤按钮,弹出图 1-1-18 所示"颜色选取"对话框,选择"红色"颜色块,单击"确定" 确定 ,完成颜色设置;或单击工具栏中 □ ByLayer ▾ ⬤ 的(▼)按钮,在弹出的下拉列表框中选择"红色"选项,完成颜色设置,如图 1-1-19 所示。

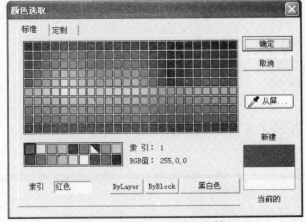

图 1-1-18　"颜色选取"对话框　　　　　　　图 1-1-19　"颜色选取"下拉列表框

(3)绘制。

①选择"绘图"→"直线"命令或单击工具栏中"直线" ╱ 按钮或用键盘输入 line,打开直线绘制命令并设置立即菜单:

在立即菜单"1."下拉列表中选择"两点线"选项。

在立即菜单"2."下拉列表中选择"连续"选项,如图 1-1-20 所示。

知识链接:执行命令的操作方法

CAXA 电子图板作为交互式绘图软件,绘制图形、编辑图形等几乎所有动作都要依赖用户的命令。执行命令的操作方法有鼠标选择和键盘输入两种。

②当系统提示"第一点(切点,垂足点):"时,用键盘输入"-75,0",如图 1-1-21 所示,按【Enter】键确认。

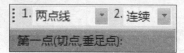

图 1-1-20　两点线立即菜单　　　　　　　　图 1-1-21　输入第一点坐标

提示:按【Enter】键确认,只能按一次! 这样可以绘制连续直线。连续绘制直线时前一线段的终点为后一线段的起点,每输入一个点都能绘制一条直线。

知识链接:点

点是最基本的图形元素,其他所有图形元素都要利用点来定位和输入图形相关参数,点的输入是各种绘图操作的基础。CAXA 电子图板 2011 中点的输入有三种:键盘输入方式、鼠标输入方式和工具点捕捉方式。

③系统提示"第二点(切点,垂足点):",如图 1-1-22(a)所示,用键盘输入"75,0",按【Enter】键确认,得到图 1-1-22(b)所示的直线①。

(a) 输入第二点坐标　　　　　　　　　(b) 绘制第一条直线

图 1-1-22　绘制一条直线

④系统提示"第二点(切点,垂足点)",如图 1-1-23(a)所示,同样采用键盘输入方式,输入坐标"75,40",按【Enter】键确认,得到图 1-1-23(b)所示的直线②。

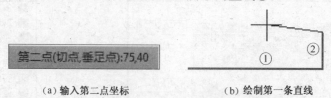

(a) 输入第二点坐标　　　　　　　　　(b) 绘制第一条直线

图 1-1-23　绘制一条直线

⑤同理,采用同样的方法用键盘依次输入:

" 90,40",按【Enter】键,得到图 1-1-24 所示的直线③。

" 55,60",按【Enter】键,得到图 1-1-24 所示的直线④。

"-55,60",按【Enter】键,得到图 1-1-24 所示的直线⑤。

"-90,40",按【Enter】键,得到图 1-1-24 所示的直线⑥。

"－75,40",按【Enter】键,得到图 1-1-24 所示的直线⑦。

"－75,0 ",按【Enter】键,得到图 1-1-24 所示的直线⑧。

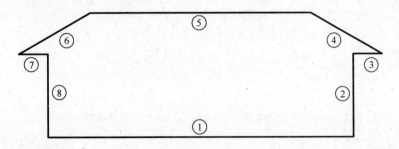

图 1-1-24

再次按【Enter】键或右击,退出直线绘制命令,完成卡通房子外轮廓绘制。

知识链接:直线

CAXA 电子图版绘制的直线包括两点线、角度线、角等分线、切线/法线和等分线。

用以下方式可以调用"直线"功能:

◆单击"绘图"主菜单中"直线"子菜单的"直线" 按钮。

◆单击"绘图"工具栏中的"直线" 按钮。

◆单击"常用"选项卡中"基本绘图面板"的"直线" 按钮。

◆执行 line 命令。

角度线:绘制一条与 X 轴、Y 轴和已知直线成一定角度一条直线,如图 1-1-25 所示。

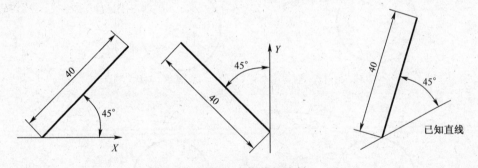

图 1-1-25 角度线的绘制

角等分线:角等分线是按给定等分份数、给定长度画条直线段将一个角度等分,如图 1-1-26 所示。

(a)60°角 (b)拾取第一条直线 (c)角等分线（3份）

图 1-1-26 角等分线的绘制

切线/法线：通过给定的点作已知曲线的切线或法线，其绘制方式如图 1-1-27 所示。

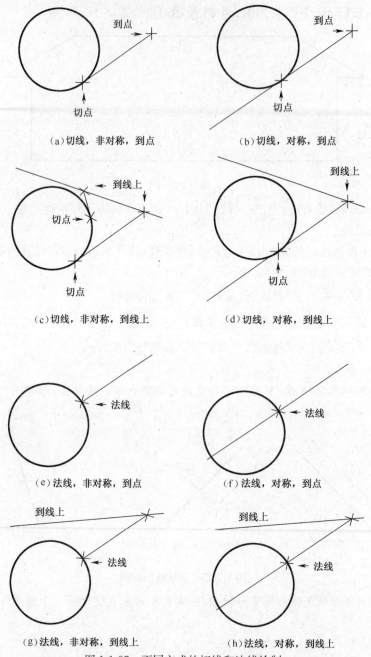

（a）切线，非对称，到点   （b）切线，对称，到点

（c）切线，非对称，到线上   （d）切线，对称，到线上

（e）法线，非对称，到点   （f）法线，对称，到点

（g）法线，非对称，到线上   （h）法线，对称，到线上

图 1-1-27　不同方式的切线和法线绘制

　　等分线：在两条直线间生成一些列的线，这些线将两条直线之间的部分等分成 N 份。图 1-1-28 所示为将平行线 3 等分的效果；图 1-1-29 所示为将不相交线 3 等分的效果；图 1-1-30 所示为将相交线 3 等分的效果。

　　⑥按【Enter】键或右击，重复"直线"绘制命令（将点捕捉方式设置为"智能"），当系统提示"第一点（切点，垂足点）："时，将光标移动到图 1-1-31 所示的直线端点附近，当光标被吸附在端点上时（十字光标靶心变成"□"，即"端点"被捕捉），单击鼠标，此时系统提示"第二点（切点，

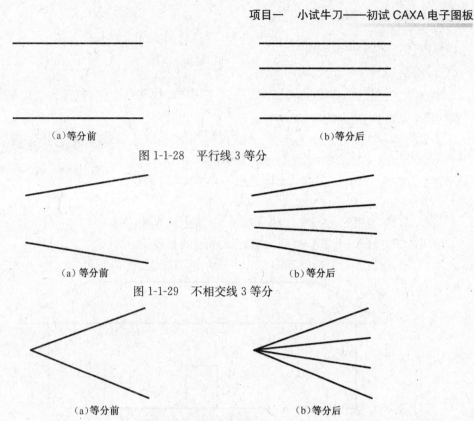

(a)等分前 (b)等分后

图 1-1-28 平行线 3 等分

(a)等分前 (b)等分后

图 1-1-29 不相交线 3 等分

(a)等分前 (b)等分后

图 1-1-30 相交线 3 等分

垂足点):",将光标移动到图 1-1-31 所示的直线端点附近,当光标被吸附在端点上时,单击鼠标,再按【Enter】键或右击,完成房子轮廓绘制,结果如图 1-1-31 所示。

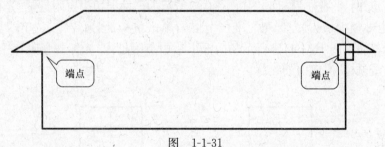

图 1-1-31

知识链接:智能点捕捉

当鼠标在屏幕上绘图区内移动时,如果它与某些特征点的距离在其拾取范围之内(十字光标靶心出现相应特征点标志,例如端点"□"、中点"△"、象限点"◇"),那么它将自动吸附到这个特征点上,这时点的输入是由吸附上的特征点的坐标来确定的。可以吸附的特征点包括节点、端点、圆心点、象限点、交点、切点、垂点、最近点、插入点等,具体参考"工具"→"智能捕捉(P)…"命令。

3. 绘制卡通房子的门窗

(1)设置绘制门窗的线宽。单击工具栏中 ▬▬ ByLayer ▾ ≡ 的(▼)按钮,在弹出的"线宽"下拉列表中选择"0.5 mm"选项,完成线宽设置。

(2)设置绘图颜色。单击工具栏中 □ ByLayer ▾ ● 的(▼)按钮,在弹出的下拉列表中选择"绿色"选项,完成颜色设置。

(3)绘制门。

①选择"绘图"→"直线"命令或单击工具栏中"直线" ✎ 按钮,打开直线绘制命令,并设置立即菜单(设置为"两点线"、"连续")。

②系统提示"第一点(切点,垂足点):",用键盘输入 "-7.5,0",如图 1-1-32 所示,按【Enter】键确认。

第一点(切点,垂足点):-7.5,0

图 1-1-32　输入直线端点坐标

③系统提示"第二点(切点,垂足点):",用键盘依次输入:

"-7.5,20",按【Enter】键,得到图 1-1-33 所示的直线①。

"7.5,20",按【Enter】键,得到图 1-1-33 所示的直线②。

"7.5,0",按【Enter】键,得到图 1-1-33 所示的直线③。

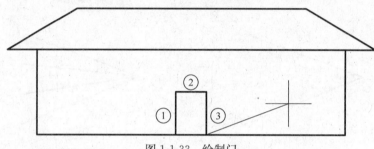

图 1-1-33　绘制门

按【Enter】键或右击,退出直线绘制命令,完成门的外轮廓绘制。

④再次打开直线绘制命令(将立即菜单设置为"两点线"、"单根")。当系统提示"第一点(切点,垂足点):"时,将光标移动到图 1-1-34(a)所示的门框上边中点附近,当光标被吸附在中点上时(即中点被捕捉,同时光标靶心变成"△"),单击鼠标;当系统提示"第二点(切点,垂足点):",将光标移动到图 1-1-34(b)所示的门框下边中点附近,当光标被吸附在中点上时(即中点被捕捉),单击鼠标,完成门的绘制。

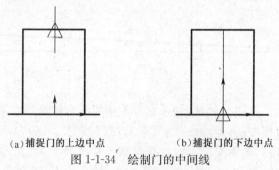

(a)捕捉门的上边中点　　　　(b)捕捉门的下边中点

图 1-1-34　绘制门的中间线

(4)绘制左边窗户。

①将立即菜单设置为"两点线"、"连续"。当系统提示"第一点(切点,垂足点):",用键盘依次输入:

"-65,10",按【Enter】键。

"-65,30",按【Enter】键,得到如图 1-1-35 所示的直线①。

"-45,30",按【Enter】键,得到如图 1-1-35 所示的直线②。

"－45,10",按【Enter】键,得到如图 1-1-35 所示的直线③。

"－65,10",按【Enter】键,得到如图 1-1-35 所示的直线④。

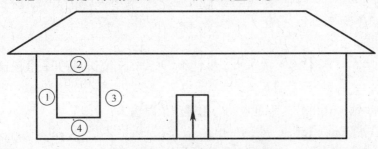

图 1-1-35 绘制左边窗户外轮廓

按【Enter】键或右击,退出"直线"绘制命令,完成左边窗户的外轮廓绘制。

②选择"绘图"→"直线"命令或单击"绘图"工具栏中"直线" 按钮,打开直线制命令(设置为"两点线"、"单根")。单击窗口右下角 正交 按钮(或按【F8】键),切换到正交模式。分别连接窗户上、下及左、右两边的中点(捕捉中点),得到窗户的水平和垂直中间线,如图 1-1-36 所示。

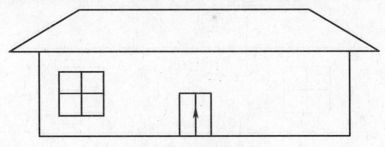

图 1-1-36 左窗户的绘制

(5)绘制右边窗户。同绘制左边的窗户方法一样,按表 1-2 所示的坐标绘制出右边窗户,并连接右窗上、下及左、右边的中点。结果如图 1-1-37 所示。

表 1-2 右边窗户各角点坐标

位置	坐标点	
	PX	PY
左上角	45	30
左下角	45	10
右下角	65	10
右上角	45	30

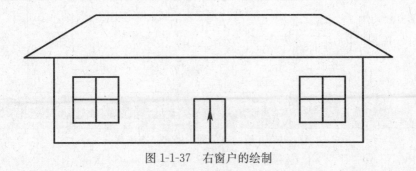

图 1-1-37 右窗户的绘制

4. 绘制卡通房子的烟囱

(1)设置绘图颜色。单击工具栏 ▣ ByLayer ▾ 的（▼）按钮，在弹出的下拉列表中选择"蓝色"选项，完成颜色设置。

(2)绘制烟囱。

①选择"绘图"→"直线"命令或单击工具栏中"直线" ✎ 按钮，打开直线绘制命令（设置为"两点线"、"连续"）。

②系统提示"第一点（切点，垂足点）："，用键盘依次输入：

"－45，60"，按【Enter】键。

"－45，75"，按【Enter】键，得到图 1-1-38 所示的直线①。

"－33，75"，按【Enter】键，得到图 1-1-38 所示的直线②。

"－33，60"，按【Enter】键，得到图 1-1-38 所示的直线③。

最后按【Enter】键或右击，退出直线绘制命令，完成烟囱的绘制。

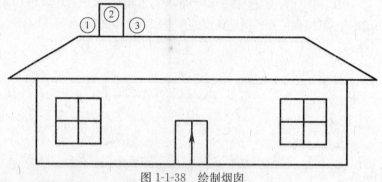

图 1-1-38　绘制烟囱

5. 让图形充满整个屏幕，并保存图形

(1)选择"视图"→"显示全部（A）"命令或单击"常用"工具栏中"显示全部" 🔍 按钮，所绘制的卡通房子全部显示在屏幕上，如图 1-1-39 所示。

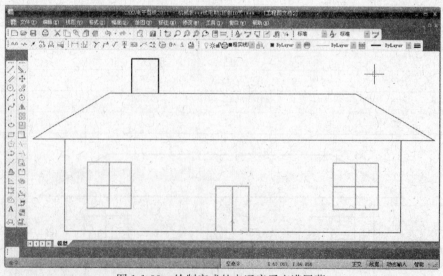

图 1-1-39　绘制完成的卡通房子充满屏幕

（2）选择"文件"→"保存（S）"命令或单击"标准"工具栏中"保存" 🖬 按钮，弹出图 1-1-40 所示对话框，选择文件需要保存的位置及文件名（我的卡通房子），单击"保存" 保存(S) 按钮，完成文件的保存。至此，卡通房子绘制完毕，并保存在计算机中。

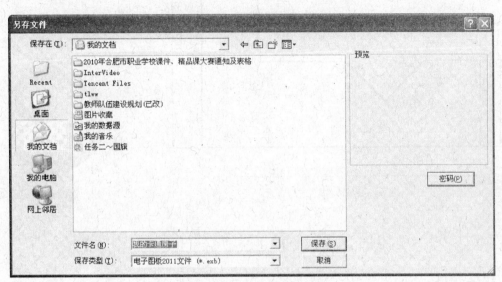

图 1-1-40 "另存文件"对话框

思考与练习

1. 填空题

（1）CAXA 电子图版 2011 的用户界面有_____、_____两种风格，通过_____进行切换。

（2）CAXA 电子图版 2011 执行命令的操作方法有_____和_____两种并行输入方式。

（3）CAXA 电子图版的用户坐标系有_____、_____和_____三种。

（4）绘制直线的方式有_____、_____、_____、_____、_____。

2. 思考题

工具点捕捉和智能捕捉有何区别？

3. 绘图题

利用绘制两点直线的方式绘制图 1-1-41 所示的零件图。

4. 拓展练习

利用多段线绘制图 1-1-42 所示图形。

提示：选择"绘图"→"多段线"命令或单击"绘图"工具栏中"多段线" 🖱️ 按钮，在立即菜单中选择"圆弧"命令。在提示区显示"第一点："，通过键盘输入"0,0"。设定起始宽度＝1，终止宽度＝10，输入第二点坐标"@30＜－90"，设定起始宽度为 10，终止宽度为 1，输入第三点坐标"@50＜145"。按【Enter】键或右击，退出多段线绘制。

重复上述步骤（线宽按上述方法设置），第一点坐标"0,0"，第二点坐标"@30＜90"，第三点坐标"@50＜－145"。

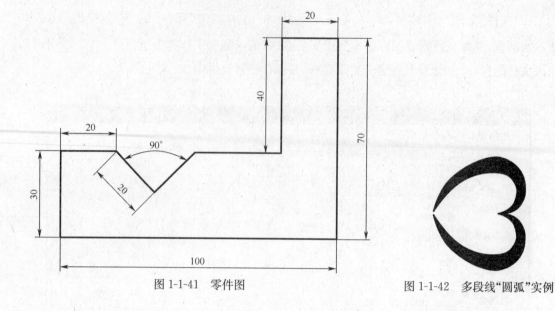

图 1-1-41　零件图　　　　　　　　图 1-1-42　多段线"圆弧"实例

任务二　初试 CAXA 电子图板 2011——国旗的绘制

任务背景

五星红旗是我们国家的国旗，每次我们进行升旗仪式的时候，都激动不已。下面我们就来学习制作五星红旗的具体操作。

任务设置

按下列尺寸及位置要求绘制图 1-2-1 所示国旗。

图 1-2-1　任务二——国旗

（说明：按 GB 12982—2004 附录 A 国旗之通用尺度乙种规定：国旗为长 240 cm、高 160 cm的长方形。大五角星中心在距长方形左边 40 cm、上边 40 cm 之处；四颗小五角星中心点：第一点在距长方形左边 80 cm、上边 16 cm 之处，第二点在距长方形左边 96 cm、上边32 cm 之处，第三点在距长方形左边 96 cm、上边 56 cm 之处，第四点在距长方形左边 80 cm、上边 72 cm之处。大五角星外接圆直径为旗高 3/10，居左，四颗小五角星外接圆直径为旗高 1/10，环拱于大星之右。）

任务目标

通过国旗的绘制，应掌握以下操作：
- ◇ 矩形的绘制
- ◇ 正多边形的绘制
- ◇ 点的绘制及格式设置
- ◇ 图形的复制及旋转
- ◇ 栅格点捕捉
- ◇ 图形的填充

任务分析

绘制国旗，首先绘制国旗外轮廓—矩形，下一步（也是本次任务的关键）确定图 1-2-1 所示五个五角星的位置（可通过捕捉栅格点或画辅助线来定位，本例是通过栅格点捕捉来确定的）。然后绘制大五角星，再复制四个小五角星。值得注意的是，要关注四个小五角星的位置（可通过旋转确定），最后填充颜色，完成国旗的绘制。

操作步骤

（一）打开 CAXA 电子图板 2011 并创建一个新文件

1. 启动 CAXA 电子图板 2011 机械版

双击桌面上的 CAXA 电子图板 2011 图标 ，或单击桌面上的"开始"按钮，选择"所有程序"→CAXA→"CAXA 电子图板 2011 机械版"命令，就可以运行 CAXA 电子图板 2011，并新建一个空白文档。

2. 保存文件

选择"文件"→"保存"命令或单击工具栏中"保存" 按钮，弹出图 1-2-2 所示"另存文件"对话框，选择需要保存的位置及文件名（任务二——国旗），单击"保存" 保存(S) 按钮，完成文件的保存，如图 1-2-3 所示。

提示：在绘图过程中要及时保存，以防出现意外而引起图形丢失。

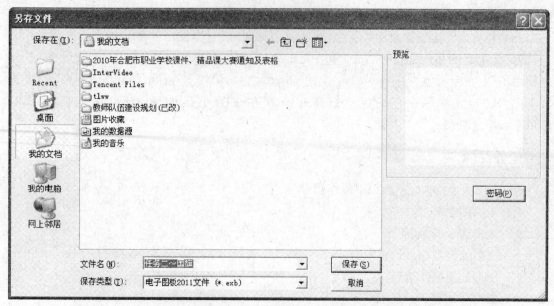

图 1-2-2 "另存文件"对话框

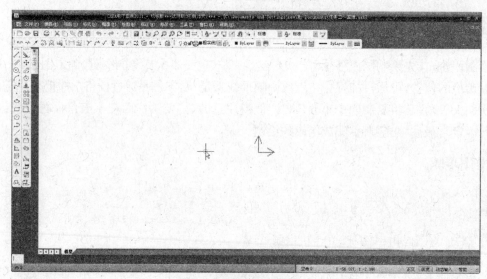

图 1-2-3 新建并保存文件

(二)画国旗外轮廓——矩形(长为 240、宽为 160)

绘制矩形(将当前颜色设置为红色)。

(1)选择"绘图"→"矩形"命令或单击"绘图"工具栏中"矩形"□按钮,打开绘制矩形命令并设置立即菜单:

在立即菜单"1."下拉菜单中选择"两角点"选项。

在立即菜单"2."下拉菜单中选择"无中心线"选项,如图 1-2-4 所示。

(2)当系统提示"第一角点:"时,输入矩形第一角点的坐标"-120,-80",如图 1-2-4 所示,并按【Enter】键确认;这时系统提示"另一角点:",输入相对坐标"@240,160",如图 1-2-5

所示,按【Enter】键或右击确认,得到一个长为240,高为160的矩形,如图1-2-6所示。

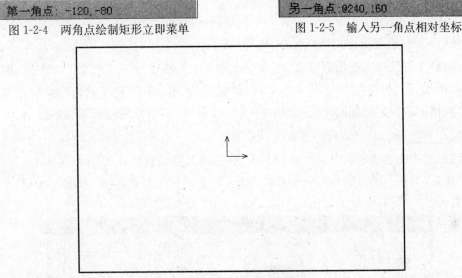

图1-2-4 两角点绘制矩形立即菜单   图1-2-5 输入另一角点相对坐标

图1-2-6 两点绘制的矩形

知识链接:相对坐标

相对坐标是相对参考点的坐标,与坐标系选取无关。输入时,为了区分不同性质的坐标,CAXA电子图板对相对坐标的输入作了规定:输入相对坐标时,必须在第一个数值前面加上一个符号@,表示相对。例如对于直角坐标方式,输入@80,55,表示相对参考点来说,输入了一个X坐标为80,Y坐标为55的点。同理,对于极坐标方式,输入@56<30,表示输入了一个相对当前点的极坐标半径为56,半径与X轴的逆时针夹角为30°的点。

知识链接:矩形

CAXA电子图版提供了两角点、长度和宽度两种方式生成矩形。

用以下方式可以调用"矩形"功能:

◆单击"绘图"主菜单中的"矩形"□按钮。

◆单击"常用"选项卡中"基本绘图面板"上的"矩形"□按钮。

◆单击"绘图"工具条上的"矩形"□按钮。

◆执行rect命令。

两角点绘制矩形:通过指定矩形的两个对角点来绘制矩形。方法是通过键盘输入两角点的绝对坐标或相对坐标来绘制,另一方法是用鼠标指定第一角点和第二角点。在指定第二角点的过程中,一个不断变化的矩形已经出现,选定好第二角点的位置,单击鼠标,完成矩形绘制,如图1-2-7所示。

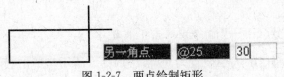

图1-2-7 两点绘制矩形

提示：在已知矩形长度和宽度时，在两角点绘制矩形过程中，使用相对坐标要简单些。

（三）绘制点（确定五角星位置）

1. 设置屏幕点方式

（1）按【F6】键，将捕捉方式切换到"栅格"模式。

（2）选择"工具"→"捕捉设置(P)…"命令或单击工具栏中"捕捉" 按钮，弹出"智能点工具设置"选项卡，在"当前模式"下拉菜单中选择"栅格"选项，选中"启用捕捉"和"启用栅格"复选框，在"栅格间距"和"捕捉间距"选项组中的"X、Y 轴间距"中分别输入"8"，如图 1-2-8 所示。单击"确定" 确定 按钮，完成栅格捕捉方式设置。

提示：也可单击状态栏的最右侧点捕捉状态设置区"切换捕捉方式"下拉菜单，在弹出的下拉菜单中选择"栅格"，然后在"栅格"按钮上右击，弹出右键快捷菜单，选择"设置…"命令，则打开"智能点工具设置"对话框。

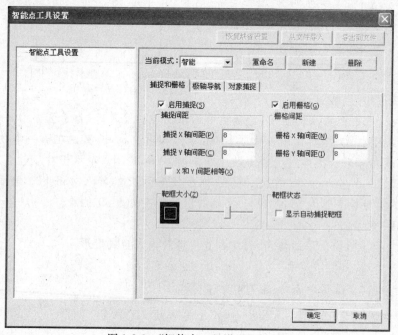

图 1-2-8 "智能点工具设置"对话框

知识链接：栅格点

栅格点就是在屏幕上绘图区内沿当前坐标系的 X 方向和 Y 方向等间距排列的点。鼠标在屏幕上绘图区内移动时会自动吸附在最近的栅格点上，这时点的输入由吸附上的特征点的坐标来确定的。当选择栅格点捕捉方式时，还可以设置栅格点的间距、栅格点的可见与不可见。当栅格点不可见时，栅格点的自动吸附依然存在。

2. 绘制点

（1）选择"格式"→"点(P)…"命令或单击工具栏中"点" 按钮，在弹出的"点样式"对话框中选择一种样式，并将点的大小设置为 10，如图 1-2-9 所示。单击"确定" 确定 按钮，完成点的样式设置。

(2)选择"绘图"→"点"命令或单击"绘图"工具栏中"点" ⋅ 按钮,打开点绘制命令。在图 1-2-10 中所示的位置分别单击,绘制五个孤立点。

提示:五个五角星位置如下(自矩形左、上边起):大五角星第五行、第五列,四个小五角星分别为第二行、第十列;第四行、第十二列;第六行、第十二列;第八行、第十列。

知识链接:点

点通常作为几何、物理、矢量图形和其他领域中的最基本的组成部分。点是几何图形的基本组成部分,在 CAXA 电子图版中,点是图中的几何坐标或图形中具有一定特征形式的元素,共分为三类:孤立点、等分点和等弧长点。

用以下方式可以调用"点"功能:

◆单击"绘图"主菜单中的"点" ⋅ 按钮。

◆单击"常用"选项卡中"高级绘图面板"上的"点" ⋅ 按钮。

◆单击"绘图"工具条上的"点" ⋅ 按钮。

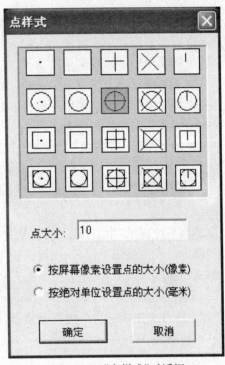

图 1-2-9　"点样式"对话框

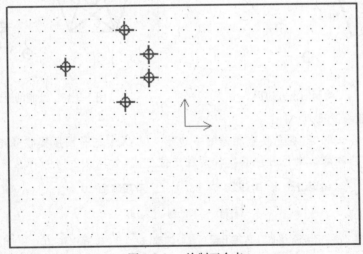

图 1-2-10　绘制五个点

◆执行 point 命令。

孤立点在 CAXA 电子图版中是指屏幕上已存在的点,可用鼠标拾取或用键盘输入。通常孤立点常与绘制直线、圆弧等基本图形结合起来,用来辅助图形定位等。

(四)绘制五角星

1.绘制正多边形

(1)将屏幕点设置为"智能"状态(按【F6】键切换)。

(2)选择"绘图"→"正多边形"命令或单击工具栏中"正多边形" 按钮,打开绘制正多边形命令并设置立即菜单:

在立即菜单"1."下拉菜单中选择"中心定位"选项。

在立即菜单"2."下拉菜单中选择"给定半径"选项。

在立即菜单"3."下拉菜单中选择"内接"选项。

在立即菜单"4. 边数"中输入"5"。

在立即菜单"5. 旋转角"中输入"0",如图 1-2-11 所示。

图 1-2-11　绘制正多边形立即菜单

(3)当系统提示"中心点:"时,移动光标,捕捉上一步绘制的点(大五角星中心);同时系统提示"圆上点或内接圆半径:",用键盘输入"24",按【Enter】键确认,完成正五边形绘制,结果如图 1-2-12 所示。

2. 连接五边形的各个端点

用直线分别连接五边形的五个角点(两两相连),得到图 1-2-13 所示五角星图形。

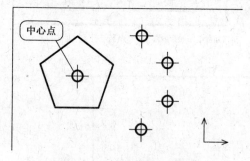

图 1-2-12　绘制的正五边形

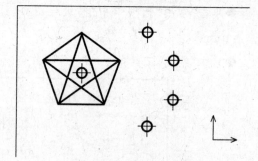

图 1-2-13　绘制的五角星

知识链接:正多边形

正多边形是各边相等,各角度也相等的多边形。CAXA 电子图版提供了给定边长和给定半径两种绘制方法和底边定位和中心定位两种定位方式,如图 1-2-14 所示。

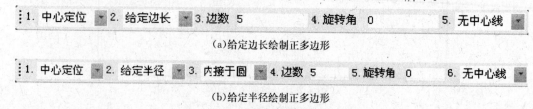

(a)给定边长绘制正多边形

(b)给定半径绘制正多边形

图 1-2-14　绘制正多边形立即菜单

用以下方式可以调用"正多边形"功能:

◆单击"绘图"主菜单中的"正多边形" 按钮。

◆单击"常用"选项卡中"高级绘图面板"上的"正多边形" 按钮。

◆单击"绘图"工具条上的"正多边形" 按钮。

◆执行 point 命令。

在立即菜单中,可以选择以下几项:

中心定位:以正多边形的中心作为定位点。

底边定位:定位正多边形的底边。

给定边长:利用给定的边长来绘制正多边形。

给定半径:输入正多边形假想圆的半径来绘制正多边形。

内接于圆:正多边形的所有顶点都在圆上。

外切于圆:正多边形的所有边都与圆外相切。

正多边形不同绘制如图 1-2-15 所示。

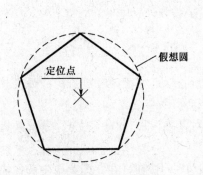

（a）中心定位、内切于圆，给定半径

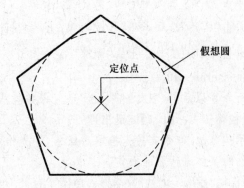

（b）中心定位、外接于圆，给定半径

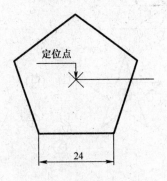

（c）中心定位，给定边长

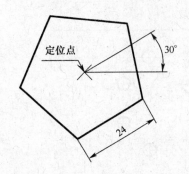

（d）中心定位，给定边长，旋转角度为30°

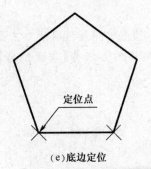

（e）底边定位

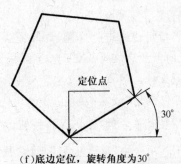

（f）底边定位，旋转角度为30°

图 1-2-15　绘制正多边形

提示：绘制正多边形时，边数的有效范围是 3～72；旋转角的有效范围是－360°～＋360°。

3. 修剪图形

（1）选择"修改"→"删除"命令或单击工具栏中"删除" ✎ 按钮，选择正五边形，按【Enter】键或右击确认，完成五边形的删除。

知识链接：删除

从图形中删除对象。

用以下方式可以调用"删除"功能：

◆单击"编辑"主菜单中的"删除" ✎ 按钮。

◆单击"常用"选项卡中"修改面板"上的"删除" ✎ 按钮。

◆单击"修改"工具条上的"删除" ✎ 按钮。

◆执行 erase 命令。

执行命令以后，拾取要删除的图形对象并确认，所拾取的对象就被删除掉。如果想中断本命令，则在确认前按【Esc】键退出即可。

提示："删除"命令支持先拾取后操作，即先拾取对象再调用"删除"功能。系统只选择符合过滤条件的实体进行删除操作。

（2）选择"修改"→"裁剪"命令或单击工具栏中"裁剪" ⇥ 按钮，（在立即菜单中选择快速裁剪命令），然后单击要裁剪的曲线，如图 1-2-16（a）所示，完成大五角星的绘制，效果如图 1-2-16（b）所示。

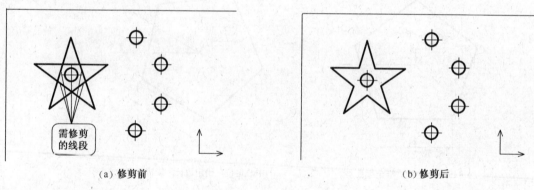

（a）修剪前　　　　　　　　　　　　　　　　（b）修剪后

图 1-2-16　修剪五角星

知识链接：裁剪

裁剪命令用于指定曲线进行修整，删除不需要的部分，使它们精确地终止于由其他对象定义的边界，得到新的曲线。在 CAXA 电子图板 2011 中，裁剪的方法有【快速裁剪】、【拾取边界】、和【批量裁剪】三种。

用以下方式可以调用"裁剪"功能：

◆单击"修改"主菜单中的"裁剪" ⇥ 按钮。

◆单击"常用"选项卡中"修改面板"上的"裁剪" ⇥ 按钮。

◆单击"修改"工具条上的"裁剪" ⇥ 按钮。

◆执行 trim 命令。

提示:一条线(圆或圆弧等)同其他图形元素相交形成多段时,才能被裁剪,单独一条线(圆或圆弧等)没有同其他线段相交时是不能被裁剪。

4. 复制四个小五角星

(1)选择"修改"→"平移复制"命令或单击工具栏中"平移复制"⛭按钮,打开平移复制命令并设置立即菜单:

在立即菜单"1."下拉菜单中选择"给定两点"选项。

在立即菜单"2."下拉菜单中选择"拷贝"选项。

在立即菜单"3."下拉菜单中选择"非正交"选项。

在立即菜单"4. 旋转角"中输入"0"。

在立即菜单"5. 比例"中输入"0.3"。

在立即菜单"6. 份数"中输入"1",如图 1-2-17 所示。

1. 给定两点 ▼	2. 保持原态 ▼	3. 旋转角　0	4. 比例: 0.3	5. 份数　1
拾取添加				Copy

图 1-2-17　平移复制立即菜单

(2)当系统提示"拾取添加"时,拾取五角星,按【Enter】键或右击确认,这时系统提示"第一点:",捕捉大五角星的中心点,同时系统提示"第二点:",分别捕捉小五角星中心的四个定位点(绘制的孤立点),按【Enter】键或右击确认,完成四个小五角星的绘制,结果如图 1-2-18 所示。

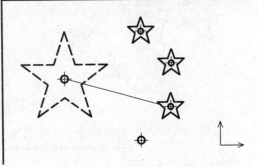

图 1-2-18　复制四个小五角星

知识链接:平移复制

平移复制是以指定的角度和方向创建拾取图形对象的副本。在平移复制立即菜单中,有给定两点和给定偏移两种定位方式。

用以下方式可以调用"平移复制"功能:

◆单击"修改"主菜单中的"平移复制"⛭按钮。

◆单击"常用"选项卡中"修改面板"上的"平移复制"⛭按钮。

◆单击"修改"工具条上的"平移复制"⛭按钮。

◆执行 copy 命令。

给定两点:是按给定的两点确定的方向和距离将拾取的实体复制到指定位置。

给定偏移:是按给定的 X 轴和 Y 轴方向的偏移量将拾取的实体复制到指定的位置。

保持原态:保持实体原有的特性。

粘贴为块:将复制的实体转为块(块的概念将在以后内容中具体说明)。

比例:将复制的实体进行放大或缩小,数值表示复制得到的实体为原实体的比例(大于 1 放大,小于 1 缩小)。

份数:即要复制的实体数量,CAXA 电子图版 2011 自动按照用户指定的方向,进行复制,各实体之间保持相同的距离(用户指定的)。

5. 旋转四个小五角星(将四个小五角星的一个角指向大五角星的中心)

(1)选择"修改"→"旋转"命令或单击工具栏中 ⊙ 按钮,打开旋转命令并设置立即菜单:

在立即菜单"1."下拉菜单中选择"起始终止点"选项。

在立即菜单"2."下拉菜单中选择"非正交"选项。

在立即菜单"3."下拉菜单中选择"旋转"选项,如图 1-2-19 所示。

图 1-2-19 旋转立即菜单

(2)当系统提示"拾取添加"时,拾取一个小五角星,按【Enter】键或右击确认,这时系统提示"基点:",捕捉小五角星的中心点,如图 1-2-20(a)所示,同时系统提示"起始点:",捕捉小五角星的一个角点,这时系统提示"终止点:",捕捉大五角星的中心点,完成小五角星的旋转,结果如图 1-2-20(b)所示。

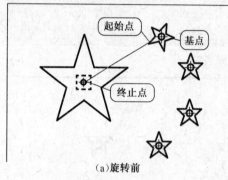
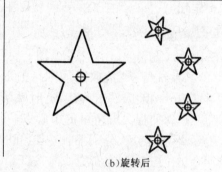

(a)旋转前   (b)旋转后

图 1-2-20 旋转五角星

同理,用同样的方法完成另外三个小五角星的旋转,结果如图 1-2-21 所示。

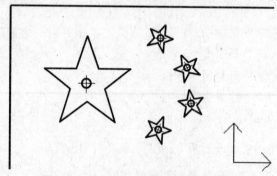

图 1-2-21 四个小五角星旋转后的图形

知识链接:旋转

对拾取到的图形进行旋转或旋转复制。

用以下方式可以调用"旋转"功能:

◆单击"修改"主菜单中的"旋转" ⊙ 转按钮。

◆单击"常用"选项卡中"修改面板"上的"旋转" ⊙ 按钮。

◆单击"修改"工具条上的"旋转" ⊙ 按钮。

◆执行 rotate 命令。

CAXA 电子图版提供了"旋律角度"和"起始终止点"两种旋转方式。

旋转角度：将实体按用户指定的基点按用户指定的角度进行旋转，角度为正时沿逆时针旋转，角度值为负时按顺时针方向旋转。

起始终止点：以用户指定的基点为轴心，将实体从第一点（起点）旋转至第二点（终点）。

（五）填充颜色

1. 颜色设置

选择"格式"→"颜色"命令或单击工具栏中"颜色" ● 按钮，弹出"颜色设置"对话框，如图 1-2-22 所示。在调色板上单击所要选取的颜色（黄色），单击"确定" 确定 按钮，完成颜色设置。

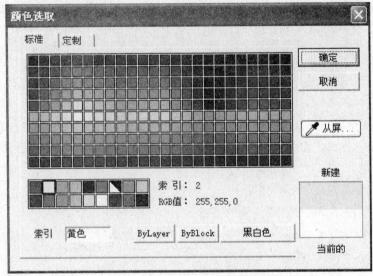

图 1-2-22 "颜色选取"对话框

2. 填充五角星

（1）选择"绘图"→"填充"命令或单击工具栏中"填充" ◎ 按钮，打开填充命令。

（2）当系统提示"拾取环内点："时，分别在五个五角星内单击，然后按【Enter】键或右击确认，完成五角星的颜色填充，结果如图 1-2-23 所示。

图 1-2-23 五角星的颜色填充

3. 填充国旗

（1）重复步骤 1（选红色）。

（2）选择"绘图"→"填充"命令或单击工具栏中"填充" 按钮，打开填充命令。

（3）当系统提示"拾取环内点："时，在矩形内单击，并分别在五个五角星内单击，然后按【Enter】键或右击确认，完成国旗的颜色（红色）填充，结果如图 1-2-24 所示。

图 1-2-24　国旗填充颜色

知识链接：填充

填充实际是一种图形类型，它可对封闭区域的内部进行填充，对于某些制件剖面需要涂黑时可用此功能。

用以下方式可以调用"填充"功能：

◆单击"绘图"主菜单中的"填充"按钮。

◆单击"绘图"工具条中的"填充"按钮。

◆单击"常用"选项卡中"基本绘图面板"的"填充"按钮。

◆执行 solid 命令。

提示：填充颜色只能在封闭的区域内进行，若该区域不封闭，则不能填充颜色；在图形相互包容时，相同的区域会被重复选中，此时，若被选中偶数次，该部分将不会填充；若被选中奇数次，那么该区域将会被填充上所选择的颜色。

（六）保存文件

（1）选择"视图"→"显示全部"命令或单击"常用"工具栏中"显示全部"按钮，使图形充满绘图区。

（2）选择"文件"→"存储文件"命令或单击工具栏中"保存"按钮，完成文件的保存。

思考与练习

1. 填空题

（1）绘制点的方式有_____、_____、_____。

（2）裁剪操作分为_____、_____、_____。

(3)绘制正多边形时,边数的有效范围是_____。

2. 思考题

选择"矩形"命令绘制的矩形和选择"直线"命令绘制的矩形有何区别?

3. 绘图题

绘制图 1-2-25 所示图形。

图 1-2-25 五环

4. 拓展练习

绘制图 1-2-26 所示 CPU 风扇图样。

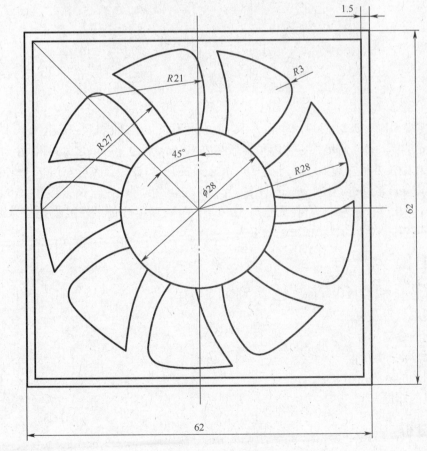

图 1-2-26 CPU 风扇

任务三　祖国在我心中——再绘国旗

任务背景

计算机绘图,除掌握基本的操作外,关键是熟练及灵活运用。本次任务为再绘国旗,使用不同于上一任务的方法实现国旗的绘制。

任务设置

绘制图 1-3-1 所示国旗。

图 1-3-1　任务 3——国旗

(说明:按 GB 12982—2004 附录 A 国旗之通用尺度乙种规定:国旗为长 240 cm、高 160 cm 的长方形。大五角星中心在距长方形左边 40 cm、上边 40 cm 之处;四颗小五角星中心点:第一点在距长方形左边 80 cm、上边 16 cm 之处,第二点在距长方形左边 96 cm、上边 32 cm 之处,第三点在距长方形左边 96 cm、上边 56 cm 之处,第四点在距长方形左边 80 cm、上边 72 cm 之处。大五角星外接圆直径为旗高 3/10,居左,四颗小五角星外接圆直径为旗高 1/10,环拱于大星之右。)

任务目标

通过本次任务,完成国旗的绘制,应掌握以下操作:
- ❖ 图层设置及应用
- ❖ 圆的绘制
- ❖ 等分点的绘制
- ❖ 图形的阵列
- ❖ 点的捕捉

任务分析

本次任务为再绘国旗,重点还是在于五角星位置的确定。但本次任务通过设置图层、绘制辅助线方式来确定,要完成本次任务关键是层的设置是否合理及能否正确运用。因此本次任务重点是层的设置及运用,而难点是对"层"概念的理解。

操作步骤:

(一)设置绘图环境

1. 新建文件

新建一个名为"任务 2——国旗"的文件。

2. 设置图层

(1)选择"格式"→"图层"命令或单击工具栏中"图层"[图]按钮(或按【Ctrl＋T】组合键),弹出图 1-3-2 所示"层设置"对话框。

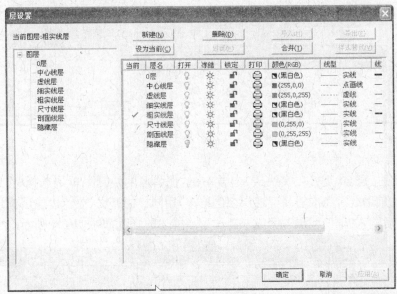

图 1-3-2　"层设置"对话框

(2)在"层设置"对话框中单击"新建(N)"按钮,弹出图 1-3-3(a)所示的对话框,单击"是(Y)"按钮,弹出"新建风格"对话框,如图 1-3-3(b)所示,单击"下一步"按钮,在层列表框中随即增加一个图层(复件粗实线层),如图 1-3-4 所示。

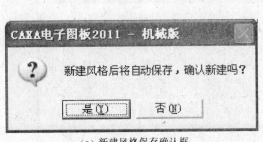

(a) 新建风格保存确认框

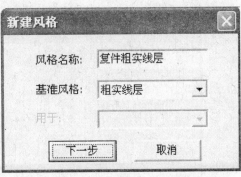

(b) "新建风格"对话框图

图 1-3-3　新建图层

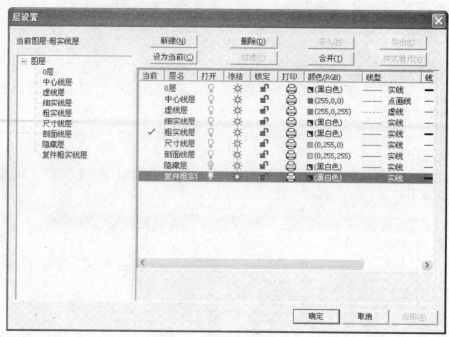

图 1-3-4　新建"复件粗实线层"

3. 修改层属性

(1)在新建层层名(复件粗实线层)上方右击,在弹出的快捷菜单中选择"重命名图层"命令,然后输入"辅助线",完成对新建层层名的修改,用同样的方法,在新建层层描述(新建层 1)上方双击,然后输入"辅助线层",完成对新建层层描述的修改,如图 1-3-5 所示。

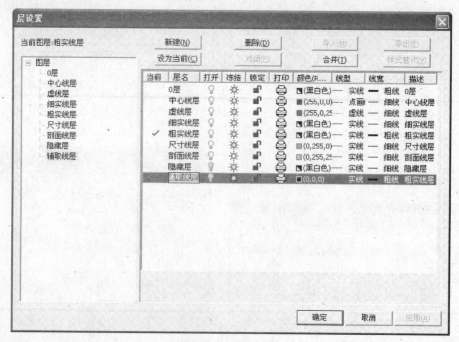

图 1-3-5　修改层名

提示：新建层层名也可在"新建风格"对话框的风格名称中输入。

（2）单击辅助线层上的"颜色"属性，弹出"颜色选取"对话框，选择蓝色，单击"确定" 确定 按钮，完成辅助线层颜色设置；单击辅助线层上的"线型"属性，弹出"线型"对话框，选择"实线"选项，单击"确定" 确定 按钮，完成辅助线层线型设置；单击辅助线层上的"线宽"属性，弹出"线宽设置"对话框，选择"细线"选项，单击"确定" 确定 按钮，完成辅助线层线宽设置；单击辅助线层上的层描述，修改为"绘制辅助线"。图层其他属性不变，至此，完成了一个新图层的创建并进行了设置，结果如图 1-3-6 所示。

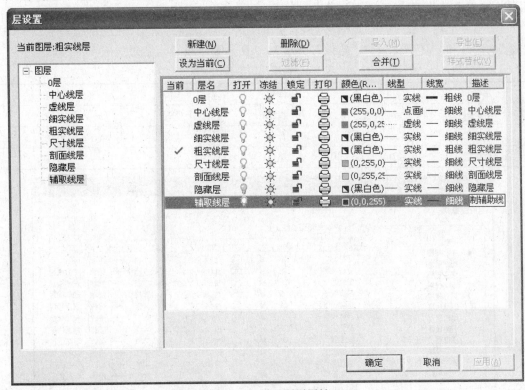

图 1-3-6 设置图层属性

知识链接：图层

图层，也称层，它是开展结构化设计不可缺少的软件环境。图层可以看做是一张张透明的薄片，图形和各种信息就绘制存放在这些透明薄片上。所有图层由系统统一定位，且坐标系相同，因此，在不同图层上绘制的图形不会发生位置上的混乱。图层是有状态的，而且状态是可以改变的。

CAXA 电子图板为每个图层设置了"层名"、"层描述"，每个图层可以设置"颜色"、"线型"、"线宽"，可以切换每个图层的状态（"打开"、"冻结"、"锁定"、"打扫"），对象可以在图层间移动，也可将图层合并。

CAXA 电子图板系统中提供了 8 种常用的图层："0 层"、"中心线层"、"虚线层"、"细实线层"、"粗实线层"、"尺寸线层"、"剖面线层"、"隐藏层"。用户可创建图层（最多可设置 100 层），删除图层。

当前正在操作的层称为当前层（也称活动层），系统只有唯一的当前层，将某个图层设置为当前层,随后绘制的图形元素均放在此当前层上。

用以下方式可以调用"图层设置"功能:

◆单击"格式"主菜单中的"图层设置"按钮。

◆单击"颜色"图层上的"图层设置"按钮。

◆单击"常用"选项卡上"属性面板"的"图层设置"按钮。

◆执行 layer 命令。

提示: 当前层不能被关装、冻结和删除,另外系统中提供的 8 种常用的图层也不能被删除,图层上有图形被使用时,不能被删除。

(3)重复上述步骤,新建"图框层"、"五角星层"、"定位点层"图层,并进行相关"层名"、"层描述"的修改和"颜色"及"线型"的设置(按表 1-3 所示要求设置),结果如图 1-3-7 所示。

表 1-3　新建图层的属性设置

层名	层描述	颜色	线型	线宽
图框层	绘制图框	红色	实线	0.35 mm
五角星层	绘制五角星	黄色	实线	粗线
定位点层	绘制定位点	黑色	实线	粗线

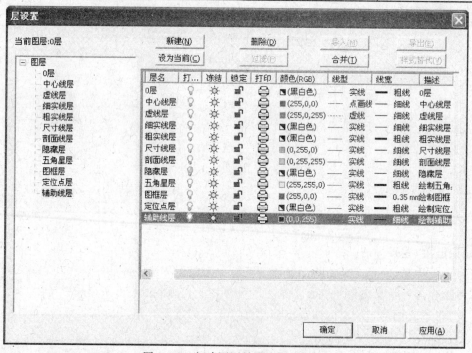

图 1-3-7　新建图层并设置图层属性

(二)绘制国旗外轮廓—矩形

1. 将图框层设为当前层

设置方法如下:

方法 1:选择"格式"→"图层"命令或单击工具栏中"图层"按钮,在弹出的"层设置"对话框中选择"图框层",单击"设为当前" 设为当前(C) 按钮,再单击"确定" 确定 按钮,完成当前图层设置(当前层:图框层),如图 1-3-8 所示。

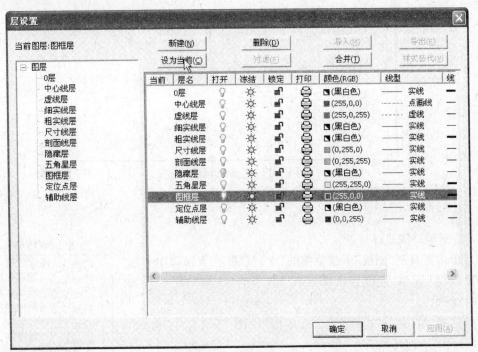

图 1-3-8　设置当前层

方法 2:单击工具栏"图层"下拉菜单的(▼)按钮,在下拉菜单中选择"图框层"选项,完成当前图层设置(当前层:图框层),如图 1-3-9 所示。

2. 绘制国旗图框(240×160)

(1)选择"绘图"→"矩形"命令或单击工具栏中"矩形" □ 按钮,打开矩形绘制命令并设置立即菜单:

在立即菜单"1."下拉列表中选择"长度和宽度"方式。

在立即菜单"2."下拉列表中选择"中心定位"方式。

在立即菜单"3.角度"中输入"0"方式。

在立即菜单"4.长度"中输入"240"。

在立即菜单"5.宽度"中输入"160"。

在立即菜单"6."下拉列表中选择"无中心线",如图 1-3-10 所示。

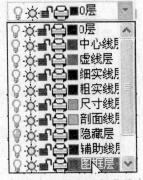

图 1-3-9　图层下拉菜单

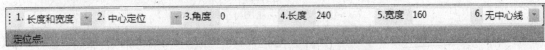

图 1-3-10　长度和宽度方式绘制矩形

(2)当系统提示"定位点:"时,移动光标,拾取坐标原点,结束矩形绘制,结果如图 1-3-11 所示。

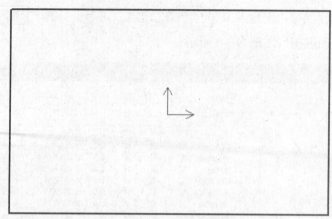

图 1-3-11　绘制的国旗图框

（三）绘制五角星

1. 绘制辅助线

（1）单击工具栏"图层"下拉菜单的（▼）按钮，在下拉菜单中选择"辅助线层"选项，完成当前图层设置（当前层：辅助线层），如图 1-3-12所示。

（2）选择"绘图"→"直线"命令或单击"绘图"工具栏中"直线" ✎ 按钮，打开直线绘制命令。

当系统提示"第一点："时，捕捉图框左边中点，如图 1-3-13（a）所示。

系统提示"第二点（切点、垂足点）："时，捕捉坐标原点；如图 1-3-13（b）所示。

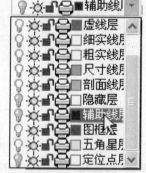

图 1-3-12　设置辅助线层
为当前图层

系统提示"第二点（切点、垂足点）："时，捕捉图框上边中点，如图 1-3-13（c）所示。按【Enter】键或右击，完成直线的绘制，结果如图 1-3-13（c）所示。

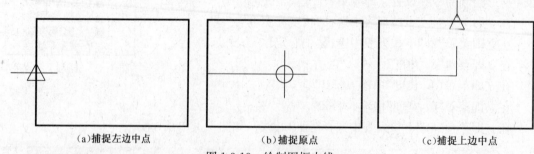

　（a）捕捉左边中点　　　　　　　（b）捕捉原点　　　　　　　（c）捕捉上边中点

图 1-3-13　绘制图框中线

（3）选择"修改"→"阵列（A）"命令或单击"修改"工具栏中"阵列" ⊞ 按钮，打开阵列命令并设置立即菜单：

在立即菜单"1."下拉列表中选择"矩形阵列"方式。

在立即菜单"2. 行数"中输入"10"。

在立即菜单"3. 行间距"中输入"8"。

在立即菜单"4. 列数"中输入"1"。

在立即菜单"5. 列间距"保持默认值。

在立即菜单"6. 旋转角"中输入"0"，如图 1-3-14 所示。

1. 矩形阵列	2.行数 10	3.行间距 8	4.列数 1	5.列间距 100	6.旋转角 0

拾取元素：

图 1-3-14　设置矩形阵列立即菜单

当系统提示"拾取添加"时，拾取图 1-3-15(a)所示的直线，并按【Enter】键或右击确认，完成直线的阵列，结果如图 1-3-15(b)所示。

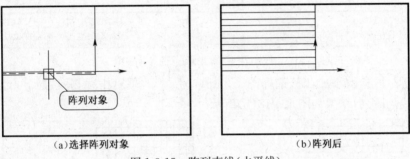

（a）选择阵列对象　　　　　　　　（b）阵列后

图 1-3-15　阵列直线（水平线）

知识链接：阵列

阵列是通过一次操作可同时生成若干个相同的图形。阵列的操作方式有矩形阵列、圆形阵列和曲线阵列三种。

用以下方式可以调用"阵列"功能：

◆单击"修改"主菜单中的"阵列"按钮。

◆单击"常用"选项卡中"修改面板"上的"阵列"按钮。

◆单击"修改"工具条上的"阵列"按钮。

◆执行 array 命令。

矩形阵列是对拾取到的实体按矩形阵列的方式进行阵列复制。当前立即菜单中规定了矩形阵列的行数、行间距、列数、列间距以及旋转角的默认值，这些值均可通过键盘输入进行修改。图 1-3-16 所示为矩形阵列的两个实例，图 1-3-16(a)所示的行数为 3，行间距为 12，列数为 4，列间距为 15，旋转角为 0°；图 1-3-16(b)所示的行数为 2，行间距为 12，列数为 3，列间距为 15，旋转角为 30°。

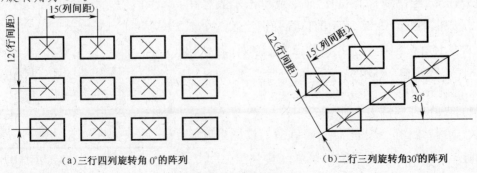

（a）三行四列旋转角 0°的阵列　　　　　　（b）二行三列旋转角30°的阵列

图 1-3-16　矩形阵列

提示：行、列间距指阵列后各元素基点之间的间距大小，旋转角指与 X 轴正方向的夹角。行、列间距正负值决定阵列方向，正值时沿 X、Y 轴方向阵列，负值时沿 X、Y 轴反方向阵列。

(4)按【Enter】键或右击，重复"阵列"命令，并设置立即菜单：

在立即菜单"1."下拉列表中选择"矩形阵列"方式。

在立即菜单"2. 行数"中输入"1"。

在立即菜单"3. 行间距"中输入任意数。

在立即菜单"4. 列数"中输入"15"。

在立即菜单"5. 列间距"中输入"—8"。

在立即菜单"6. 旋转角"中输入"0"，如图 1-3-17 所示。

图 1-3-17　设置矩形阵列立即菜单

当系统提示"拾取添加"时，选择图 1-3-18(a)所示的垂直中线，并按【Enter】键或右击确认，完成垂线的阵列，结果如图 1-3-18(b)所示。

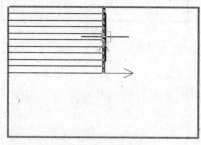

(a) 选择阵列对象　　　　　　　　　(b) 阵列后

图 1-3-18　阵列直线(垂直线)

2. 绘制点，标记五角星位置

(1)将定位点层设为当前层。

(2)设置点格式。选择"格式"→"点样式"命令或单击工具栏中"点样式"按钮，在弹出的"设置点的大小"对话框中选择一种样式，并将点的大小设置为10，如图 1-3-19 所示。单击"确定" 确定 按钮，完成点的样式设置。

(3)选择"绘图"→"点(O)"命令或单击工具栏中"点"按钮，在图 1-3-20 所示的位置分别绘制 5 个孤立点(从左上角点起第 5 行、第 5 列；2 行、10 列；4 行、12 列；6 行、12 列；8 行、10 列)。

3. 绘制五角星

(1)将辅助线层设为当前图层。

(2)选择"绘图"→"圆"命令或单击工具栏中"圆"按钮，打开圆命令并设置立即菜单：

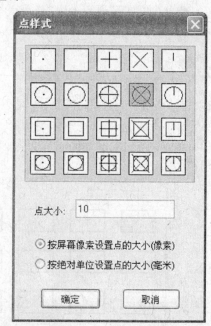

图 1-3-19　"点样式"对话框

在立即菜单"1."下拉列表中选择"圆心_半径"方式。

在立即菜单"2."下拉列表中选择"半径"方式,如图 1-3-21 所示。

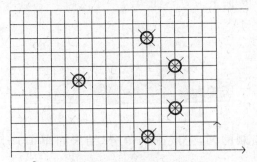

图 1-3-20　绘制定位点

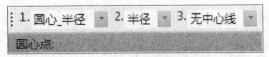

图 1-3-21　绘制圆的立即菜单

当系统提示"圆心点:"时,将光标移动到刚才所绘制的第一个点并捕捉这个孤立点,如图 1-3-22(a)所示,此时系统提示"输入半径或圆上一点",用键盘输入"24",按【Enter】键确认,完成圆的绘制,结果如图 1-3-22(b)所示。

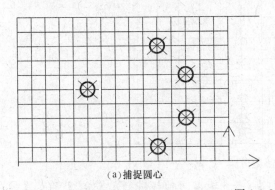

（a）捕捉圆心　　　　　　　　　　　　（b）绘制半径为24的圆

图 1-3-22　绘制圆

知识链接:圆

按照各种给定参数绘制圆。通过指定圆心、半径、直径、圆周上的点和其他对象上的点的不同组合来创建圆。

用以下方式可以调用"圆"功能:

◆单击"绘图"主菜单中的"圆"⊙按钮。

◆单击"绘图"工具条中的"圆"⊙按钮。

◆单击"常用"选项卡中"基本绘图面板"的"圆"⊙按钮。

◆执行 circle 命令。

"圆"功能使用立即菜单进行交互操作,调用"圆"功能后,弹出图 1-3-23 所示的立即菜单。

为了适应各种情况下圆的绘制,CAXA 电子图板提供了圆心半径画圆、两点圆、三点圆和两点半径画圆等几种方式,通过立即菜单进行选择圆生成方式及参数即可。另外,每种圆生成方式都可以单独执行,以便提高绘图效率。

（3）绘制圆等分点。选择"绘图"→"点"命令或单击"绘图"工具栏中"点"·按钮,打开

"点"绘制命令并设置立即菜单：

在立即菜单下拉列表中选择"等分点"方式。

在立即菜单"2. 等分数"中输入"5"，如图 1-3-24 所示。

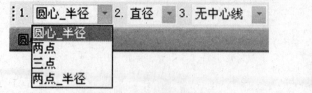

图 1-3-23 "圆"立即菜单   图 1-3-24 "等分点"立即菜单

此时系统提示"拾取曲线："，单击刚才所绘制的圆，完成圆的等分，结果如图 1-3-25 所示。

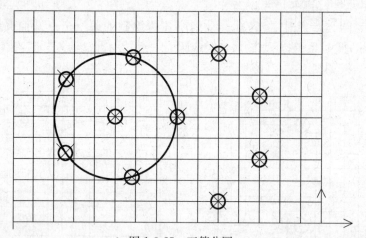

图 1-3-25 五等分圆

提示：这里只是做出等分点，而不会将曲线打断，若想对某段曲线进行几等分，则除了本操作外，还应使用"曲线编辑"中所介绍的"打断"功能。

(4) 将五角星层设为当前图层，并用"直线"命令将等分圆上的五个点用直线连接起来，结果如图 1-3-26 所示。

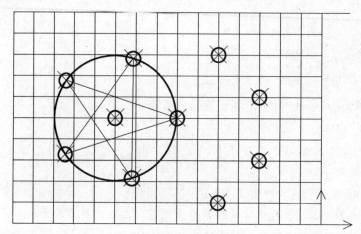

图 1-3-26 绘制五角星

(5)选择"格式"→"图层"命令或单击工具栏中"图层"⯐按钮,在弹出的"层设置"对话框(见图 1-3-8)中,单击辅助线层上的♀图标(♀表示层打开,♀表示层关闭),关闭辅助线层,结果如图 1-3-27 所示。

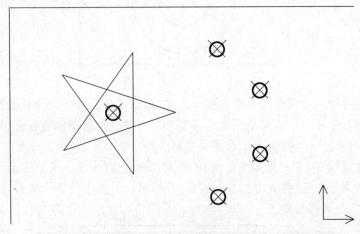

图 1-3-27 关闭辅助线层

(6)选择"修改"→"旋转"命令或单击工具栏中"旋转"⊙按钮,设置立即菜单,如图 1-3-28 所示。

图 1-3-28 "旋转"立即菜单

按系统提示拾取要旋转的图形(五角星),完成后按【Enter】键或右击确认。这时操作提示变为"输入基点:",单击旋转基点(五角星的中心点),提示"旋转角",由键盘输入旋转角度(18°),按【Enter】键,旋转操作结束,效果如图 1-3-29 所示。

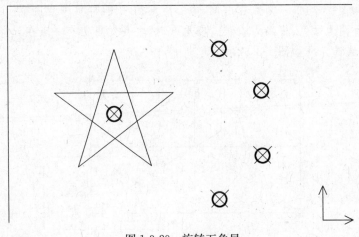

图 1-3-29 旋转五角星

知识链接:拾取对象

在 CAXA 电子图板中,如果想对已经生成的对象进行操作,则必须对对象进行拾取。拾取对象的方法可以分为点选、框选和全选。被选中的对象会被加亮显示,加亮显示的具体效果可以在系统选项中设置。

拾取加亮状态如图 1-3-30 所示,图中虚线显示的实体为被拾取加亮的对象:

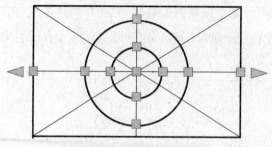

图 1-3-30　拾取加亮对象

点选：将光标移动到对象内的线条或实体上单击，该实体会直接处于被选中状态。

框选：在绘图区选择两个对角点形成选择框拾取对象。框选不仅可以选择单个对象，还可以一次选择多个对象。框选可分为正选和反选两种形式。

正选：在选择过程中，第一角点在左侧、第二角点在右侧（即第一点的横坐标小于第二点）。正选时，选择框色调为蓝色、框线为实线。在正选时，只有对象上的所有点都在选择框内时，对象才会被选中。正选选择框如图 1-3-31 所示。

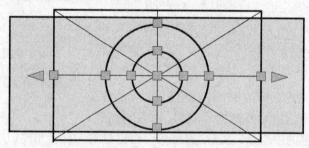

图 1-3-31　正选选择框

反选：在选择过程中，第一角点在右侧、第二角点在左侧（即第一点的横坐标大于第二点）。反选时，选择框色调为绿色、框线为虚线。在反选时，之要对象上有一点在选择框内，则该对象就会被选中。反选选择框如图 1-3-32 所示。

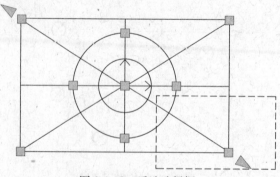

图 1-3-32　反选选择框

全选：可以将绘图区能够选中的对象一次全部拾取。全选可按【Ctrl＋A】组合键。

提示：应注意的是，拾取过滤设置等也会对全选能选中的实体造成影响。此外，在已经选择了对象的状态下，仍然可以利用上述方法直接在已有选择的基础上添加拾取。

(7)选择"修改"→"裁剪"命令或单击工具栏中"裁剪" ⊹ 按钮（在立即菜单中选择"快速裁剪"），然后单击要裁剪的曲线，完成大五角星的绘制，结果如图 1-3-33 所示。

(8)选择"平移复制"命令,在图 1-3-33 所示的四个点位置复制四个小五角星(比例为 0.3),结果如图 1-3-34 所示。

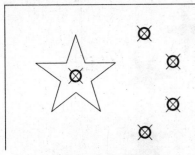

图 1-3-33　裁剪五角星

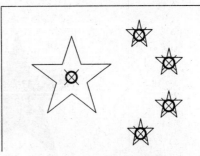

图 1-3-34　复制五角星

(9)选择"旋转"命令,旋转四个小五角星,使小五角星的一个角在大、小两个五角星中心的连线上,结果如图 1-3-35 所示。

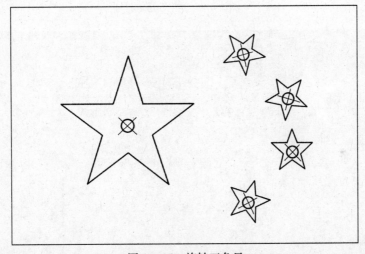

图 1-3-35　旋转五角星

(四)填充颜色

(1)关闭定位点层。选择"格式"→"图层"命令或单击工具栏中"图层"按钮,在弹出的"层设置"对话框(见图 1-3-8)中,单击定位点层上的💡图标,关闭定位点层。

(2)选择"绘图"→"填充"命令或单击工具栏中"填充"按钮,当系统提示"拾取环内一点:"时,分别在五个五角星内单击,然后按【Enter】键或右击,完成五角星的颜色填充,如图 1-3-36 所示。

(3)将图框层设为当前层。

(4)选择"绘图"→"填充"命令或单击工具栏中"填充"按钮,当系统提示"拾取环内一点:"时,在矩形内单击,并分别在五个五角星内单击,然后按【Enter】键或右击,完成国旗的颜色填充,结果如图 1-3-37 所示。

(5)单击"保存"按钮,保存绘制好的国旗。至此国旗绘制完成,并将其保存在计算机中。

图 1-3-36　填充五角星

图 1-3-37　填充国旗

思考与练习

1. 填空题

(1)系统提供的图层有_____、_____、_____、_____、_____和_____。

(2)CAXA 电子图板中用户最多可以新建_____层。

(3)CAXA 电子图板中阵列方式有_____、_____和_____。

(4)CAXA 电子图板中的裁剪操作分为_____、_____和_____。

2. 思考题

拾取对象中,框选中正选和反选有何区别?

3. 绘图题

绘制图 1-3-38 所示的图形并填充颜色。

图 1-3-38　绘图题

4. 拓展练习

绘制图 1-3-39 所示锯片。

提示：采用绘制圆、角度线、圆弧阵列等方法进行绘制。

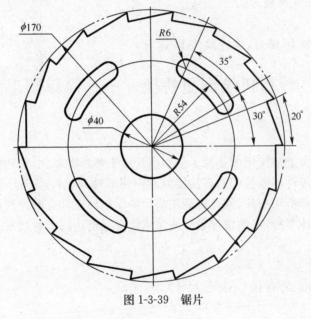

图 1-3-39　锯片

项目二　再显身手——机械零件图绘制

能力目标

熟悉使用 CAXA 电子图板 2011 机械版绘制工程图形。

知识目标

(1)掌握层、图幅、尺寸等设置方法。

(2)掌握块、图符的定义与调用。

(3)掌握工程图标注方法。

(4)掌握图形输出及转换方法。

课时安排

28 课时(课程讲解 14 课时、实践操作 14 课时)

任务一　计算机绘图更快捷——简单图形的绘制

任务背景

本实例是绘制油泵上装配用的垫片。油泵垫片属于垫片类零件,它和其他零件一起装配,避免相互结合的两个零件不因彼此的直接接触而损伤零件或机件本身,同时也方便拆卸。本零件是专为油泵结合部所用垫片,除具有通用垫片的作用外还具有密封的作用,所以垫片所用的材料硬度要小于泵体本身,以便在拧紧后使泵体结合紧密达到密封效果。

任务设置

绘制图 2-1-1 所示的零件图(不标注尺寸)。

任务目标

通过本次任务,完成垫片的绘制,应掌握以下操作:

✧ 椭圆的绘制

✧ 中心线的添加

✧ 等距线的绘制

✧ 过渡

✧ 打断与拉伸

✧ 图形的镜像

✧ 边界剪裁

任务分析

油泵垫片绘制过程是比较简单的二维图形的结合。本例中的难点是绘制相切圆和使用

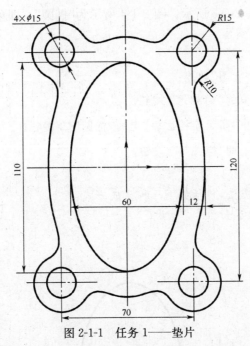

图 2-1-1 任务 1——垫片

"裁剪"功能。本实例的制作过程:首先绘制椭圆和等距线,然后绘制辅助线确定四对同心圆的圆心,接着绘制四对同心圆,利用相切关系绘制圆弧,最后通过裁剪得到图形。

操作步骤

(一)绘制椭圆和等距线

1. 新建文件

打开 CAXA2011,并新建一个文件。

2. 绘制椭圆

(1)选择"绘图"→"椭圆"命令或单击"绘图"工具栏中"椭圆" ⬭ 按钮,打开绘制椭圆命令并设置立即菜单:

在立即菜单"1."下拉列表中选择"给定长短轴"方式。

在立即菜单"2. 长半轴"中输入"30"。

在立即菜单"3. 短半轴"中输入"55"。

在立即菜单"4. 旋转角"中输入"0"。

在立即菜单"5. 起始角"中输入"0"。

在立即菜单"6. 终止角"中输入"360",如图 2-1-2 所示。

图 2-1-2 "椭圆"立即菜单

(2)在系统提示"基准点"时,捕捉坐标系原点或用键盘输入"0,0",按【Enter】键确认,完成椭圆绘制和图形定位,如图 2-1-3 所示。图 2-1-4 所示为"椭圆"立即菜单。

知识链接:椭圆

绘制椭圆或椭圆弧。

用以下方式可以调用"椭圆"功能:

◆单击"绘图"主菜单中的"椭圆"⬯按钮。

◆单击"常用"选项卡中"高级绘图面板"上的"椭圆"⬯按钮。

◆单击"绘图"工具条上的"椭圆"⬯按钮。

◆执行 ellipse 命令。

绘制椭圆或椭圆弧的方法,包括如下三种生成方式:

◆给定长短轴(见图 2-1-5)。

◆轴上两点。

◆中心点起点。

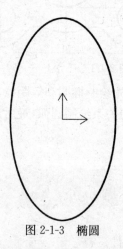

图 2-1-3 椭圆

1. 给定长短轴 ▼	2. 长半轴 30	3. 短半轴 55	4. 旋转角 0	5. 起始角= 0	6. 终止角= 360

给定长短轴
轴上两点
中心点_起点

图 2-1-4 "椭圆"立即菜单

3. 绘制椭圆等距线

(1)选择"绘图"→"等距线"命令或单击"绘图"工具栏中"等距线"⬯按钮,打开绘制等距线命令并设置立即菜单:

在立即菜单"1."下拉列表中选择"单个拾取"方式。

在立即菜单"2."下拉列表中选择"指定距离"方式。

在立即菜单"3."下拉列表中选择"单向"方式。

在立即菜单"4."下拉列表中选择"空心"

图 2-1-5 给定长短轴绘制的椭圆
(长半轴＝20,短半轴＝40,旋转角＝30°,
起始角＝0°,终止角＝270°)

方式。

在立即菜单"5.距离"中输入"15"。

在立即菜单"6.份数"中输入"1",如图 2-1-6 所示。

1. 单个拾取	2. 指定距离	3. 单向	4. 空心	5.距离 12	6.份数 1

拾取曲线:

图 2-1-6　"等距线"立即菜单

(2)在系统提示"拾取曲线:"时,单击绘制的椭圆,拾取后椭圆变为红色的虚线段,并出现箭头,如图 2-1-7(a)所示,这时系统提示"请拾取所需的方向:"时,在椭圆外侧单击,完成椭圆等距线的绘制,结果如图 2-1-7(b)所示。

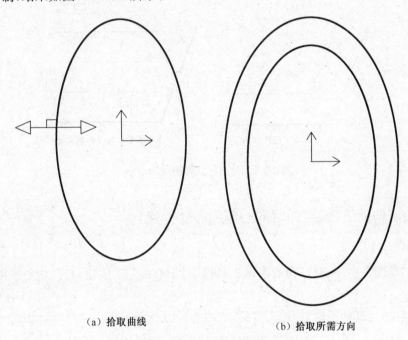

（a）拾取曲线　　　　　　　　　（b）拾取所需方向

图 2-1-7　绘制等距线

知识链接:等距线

绘制给定曲线的等距线。

用以下方式可以调用"等距线"功能:

◆单击"修改"主菜单中的"等距线"按钮。

◆单击"常用"选项卡中"修改面板"上的"等距线"按钮。

◆单击"修改"工具条上的"等距线"按钮。

◆执行 offset 命令。

可以生成等距线的对象有直线、圆弧、圆、椭圆、多段线、样条曲线。

等距线方式具有链拾取功能,它能把首尾相连的图形元素作为一个整体进行等距,从而提高操作效率。图 2-1-8 所示为指定距离方式等距线的绘制;图 2-1-9 所示为过点方式等距线的绘制。

图 2-1-8　指定距离方式等距线的绘制

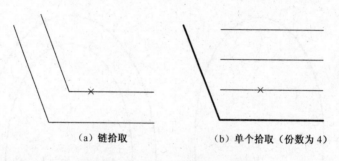

图 2-1-9　过点方式等距线的绘制

（二）绘制辅助线（确定四对同心圆圆心的位置）

1. 绘制中心线

(1)选择"绘图"→"中心线"命或单击工具栏中"中心线" 按钮,打开中心线绘制命令并设置立即菜单:

在立即菜单"1:延伸长度"中输入"23",如图 2-1-10 所示。

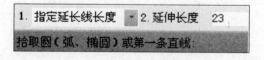

图 2-1-10　"中心线"立即菜单

(2)在系统提示"拾取圆(弧、椭圆)或第一条直线:"时,单击绘制的椭圆,完成椭圆中心线的绘制,结果如图 2-1-11 所示。图 2-1-12 所示为不同曲弧和直线的中心线的绘制。

知识链接: 中心线

如果拾取一个圆、圆弧或椭圆,则直接生成一对相互正交的中心线。如果拾取两条相互平行或非平行线(例如锥体),则生成这两条直线的中心线。

用以下方式可以调用"中心线"功能:

◆单击"绘图"主菜单中的"中心线" ✎ 按钮。

◆单击"常用"选项卡中"基本绘图面板"上的"中心线" ✎ 按钮。

◆单击"绘图"工具条上的"中心线" ✎ 按钮。

◆执行 centerl 命令。

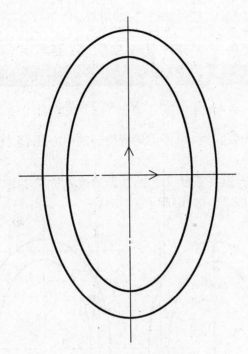

图 2-1-11　绘制中心线

（a）圆弧　　　　（b）平行直线　　　　（c）对称直线

图 2-1-12　中心线绘制

提示：延伸长度是指中心线超出轮廓线部分的长度。

2. 绘制等距线

(1)将中心线层设为当前图层。

(2)选择"绘图"→"等距线"命令或单击工具栏中"等距线" ⊿ 按钮,打开等距线绘制功能并设置立即菜单:

在立即菜单"1:"下拉列表中选择"单个拾取"方式。

在立即菜单"2:"下拉列表中选择"指定距离"方式。

在立即菜单"3:"下拉列表中选择"双向"方式。

在立即菜单"4:"下拉列表中选择"空心"方式。

在立即菜单"5:"距离中输入"35"。

在立即菜单"6:"份数中输入"1",如图 2-1-13 所示。

| 1. 单个拾取 ▼ | 2. 指定距离 ▼ | 3. 双向 ▼ | 4. 空心 ▼ | 5.距离 35 | 6.份数 1 |

拾取曲线:

图 2-1-13 "等距线"立即菜单

(3)当系统提示"拾取曲线:"时,单击上述所绘制的中心线(垂线),完成垂直等距线的绘制,结果如图 2-1-14(a)所示。

(4)按【Enter】键或右击,重复等距线命令,将距离改为"60",拾取水平中心线,完成水平中心线等距线的绘制,结果如图 2-1-14(b)所示。

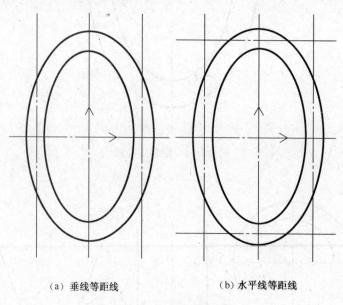

(a)垂线等距线   (b)水平线等距线

图 2-1-14 绘制等距线

至此完成辅助线的绘制,四条等距线的相互交点即为四个角圆的圆心位置。

(三)绘制同心圆及过渡圆弧

1. 绘制圆

(1)将 0 层设为当前图层。

(2)以两辅助线的交点为圆心,绘制直径为 15 和 30(半径 15)的两个同心圆,结果如图 2-1-15所示。

2. 绘制圆弧

(1)选择"修改"→"过渡"命令或单击工具栏中"过渡" 按钮,打开过渡命令并设置立即菜单:

在立即菜单"1."下拉列表中选择"圆角"方式。

在立即菜单"2."下拉列表中选择"不裁剪"方式。

在立即菜单"3. 半径"中输入"10",如图 2-1-16 所示。

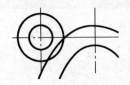

图 2-1-15 绘制同心圆

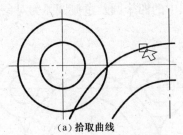

图 2-1-16 圆角过渡立即菜单

(2)当系统提示"拾取第一条曲线"时,拾取绘制的大圆;此时系统提示"拾取第二条曲线",拾取椭圆的等距线,如图 2-1-17(a)所示,完成圆和椭圆等距线之间的过渡圆弧,结果如图 2-1-17(b)所示。同理,当系统提示"拾取第一条曲线"时,拾取大圆,"拾取第二条曲线"时,拾取椭圆的等距线,得到圆和等距线之间(左下角)过渡圆弧,如图 2-1-18 所示,右击确认,退出过渡命令。

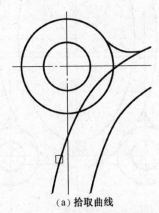

(a)拾取曲线

(b)绘制过渡圆弧

图 2-1-17 绘制过渡圆弧

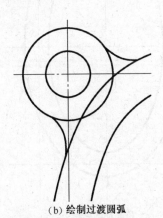

(a)拾取曲线 (b)绘制过渡圆弧

图 2-1-18 完成过渡圆弧绘制

(四)镜像圆和过渡圆弧

(1)选择"修改"→"镜像"命令或者单击工具栏中"镜像" 按钮,打开镜像命令并设置立即菜单：

在立即菜单"1."下拉列表中选择"选择轴线"方式。

在立即菜单"2."下拉列表中选择"拷贝"方式，如图 2-1-19 所示。

(2)当系统提示"拾取元素："时，拾取要镜像的对象（刚才所绘制的两个同心圆及过渡圆弧），如图 2-1-20(a)所示。按【Enter】键或右击确认，这时系统提示"拾取轴线："，拾取垂直中心线，如图 2-1-20(b)所示，完成对象的镜像，结果如图 2-1-20(c)所示。

图 2-1-19 镜像立即菜单

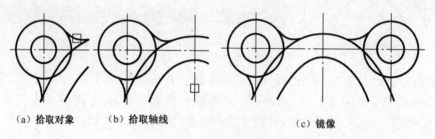

（a）拾取对象　　（b）拾取轴线　　　　　（c）镜像

图 2-1-20 以垂线为轴线镜像

(3)按【Enter】键或右击重复上述命令，以上图中的四个圆及过渡圆弧为对象，以水平中心线为轴线镜像，结果如图 2-1-21 所示。

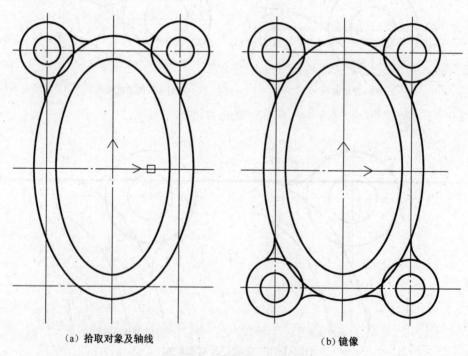

（a）拾取对象及轴线　　　　　　　　（b）镜像

图 2-1-21 以水平线为轴线镜像

知识链接：镜像

将拾取到的图素以某一条直线为对称轴，进行对称镜像或对称复制。

用以下方式可以调用"镜像"功能：

◆单击"修改"主菜单中的"镜像"⚏按钮。

◆单击"常用"选项卡中"修改面板"上的"镜像"⚏按钮。

◆单击"修改"工具条上的"镜像"⚏按钮。

◆执行 mirror 命令。

图 2-1-22 所示为"镜像"的生成方式。

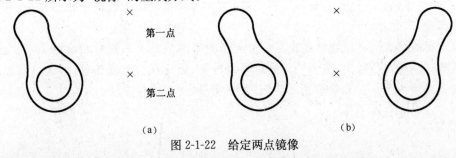

第一点

第二点

（a）　　　　　　　　　　　　（b）

图 2-1-22　给定两点镜像

（五）裁剪图形

(1)选择"修改"→"裁剪"命令或单击"编辑"工具栏"裁剪"⊬按钮，打开裁剪命令。在立即菜单中"1:"下拉列表中选择"拾取边界"，选项如图2-1-23所示。

1. 拾取边界

拾取要裁剪的曲线:

图 2-1-23　边界裁剪立即菜单

(2)当系统提示"拾取剪刀线:"时，拾取绘制的所有过渡圆弧，如图 2-1-24(a)所示，然后按【Enter】键或右击确认，这时系统提示"拾取要裁剪的曲线:"，单击图中要剪裁的部分，如图 2-1-24(a)所示。裁剪完毕，按【Enter】键或右击确认，完成图形的裁剪，结果如图 2-1-24(b)所示。

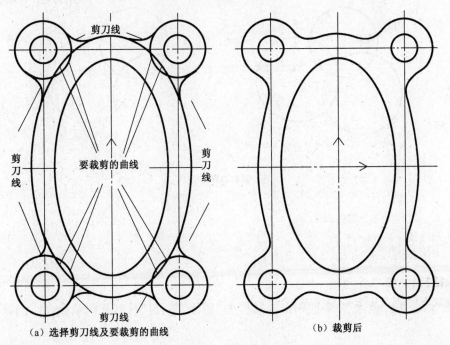

剪刀线

剪刀线

要裁剪的曲线

剪刀线

剪刀线

（a）选择剪刀线及要裁剪的曲线　　　　　　（b）裁剪后

图 2-1-24　边界裁剪

知识链接:边界剪裁

拾取一条或多条曲线作为剪刀线,构成裁剪边界,对一系列被裁剪的曲线进行裁剪。系统将裁剪掉所拾取到的曲线段,保留在剪刀线另一侧的曲线段。另外,剪刀线也可以被裁剪。

执行裁剪命令并通过立即菜单选择"拾取边界",按提示要求,用鼠标拾取一条或多条曲线作为剪刀线,然后右击,以示确认。此时,操作提示变为拾取要裁剪的曲线,用鼠标拾取要裁剪的曲线,系统将根据用户选定的边界作出响应,并裁剪掉拾取的曲线段至边界部分,保留边界另一侧的部分。

拾取边界操作方式可以在选定边界的情况下对一系列的曲线进行精确的裁剪。此外,拾取边界裁剪与快速裁剪相比,省去了计算边界的时间,因此执行速度比较快,这一点在边界复杂的情况下更加明显。图 2-1-25 所示为"边界裁剪"命令的操作方法。

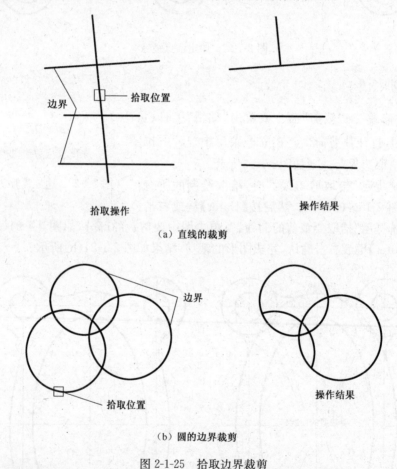

图 2-1-25 拾取边界裁剪

(六)整理图形

1. 清理辅助线

选择"修改"→"删除"命令或单击工具栏中"删除"⬛钮按,打开删除命令。删除辅助线,结果如图 2-1-26 所示。

2. 添加中心线

（1）选择"绘图"→"中心线"命令或单击工具栏中 按钮，打开中心线命令并在立即菜单中选择"指定延长线长度"选项，设置"延伸长度"为 3。

（2）在系统提示"拾取圆（弧、椭圆）或第一条直线："时，单击上图四个角的外圆，完成圆中心线的绘制，结果如图 2-1-27 所示。

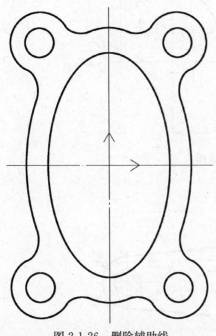
图 2-1-26　删除辅助线

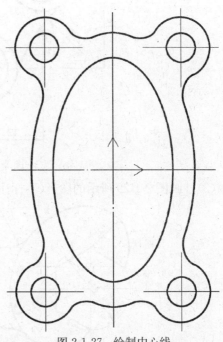
图 2-1-27　绘制中心线

（七）保存文件

（1）单击"全部显示" 按钮，显示全部图形。

（2）单击"保存" 钮按，完成文件保存，至此任务完成。

思考与练习

1. 填空题

（1）等距线绘制有_____拾取和_____拾取两种。

（2）CAXA 电子图板圆弧绘制方式有_____、_____、_____、_____、和_____。

2. 思考题

绘制等距线时，单个拾取和链拾取同一多段线时，操作结果为何不同？

3. 绘图题

（1）抄画图 2-1-28 所示的图形（不标注尺寸）。

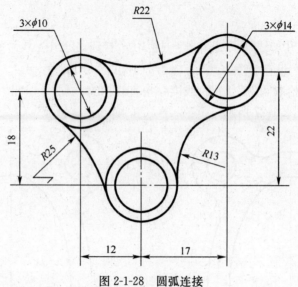

图 2-1-28　圆弧连接

（2）抄画图 2-1-29 所示的图形（不标注尺寸）。

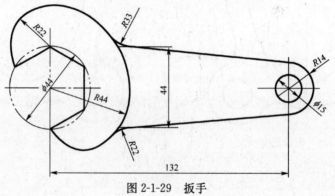

图 2-1-29　扳手

4. 拓展练习

绘制图 2-1-30 所示的手柄。

提示： 采用绘制圆、圆弧、圆弧阵列等方法绘制。

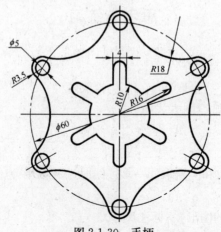

图 2-1-30　手柄

任务二　计算机绘图更标准——图幅设置

任务背景

一份标准的工程图样不仅包括零件和零件的标注,还有标准的标题栏、图幅和图框设置、零件序号及明细表的设置等其他重要的因素。CAXA 电子图板按国家最新的制图标准设置了标准的图幅、图框和明细表,幅面设置功能还可以通过设置图框参数来生成符合国标规定的图框。同时用户还可根据自身的需要定义自己的图框及标题栏。

任务设置

(1)打开项目一任务一绘制的卡通房子,并进行幅面设置:图纸为 A4,绘图比例为 1:1,横放,调入 A4A-A-Normal(CHS)图框和 School(CHS)标题栏,填写标题栏,效果如图2-2-1所示。

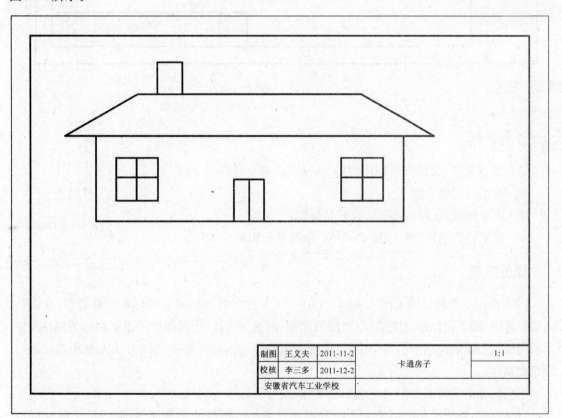

制图	王义夫	2011-11-2	卡通房子		1:1
校核	李三多	2011-12-2			
安徽省汽车工业学校					

图 2-2-1　图幅设置

(2)绘制图 2-2-2 所示的图形并定义为标题栏、将图的表格定义为标题栏,调入定义的图框和标题栏并填写。

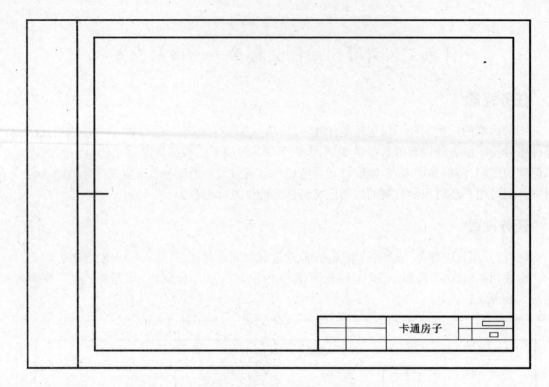

图 2-2-2 自定义图框和标题栏

任务目标

通过本次任务,完成图纸幅面的设置,应掌握以下操作:

◇ 图纸幅面的设置
◇ 图框的设置(调入、定义、存储及编辑)
◇ 标题栏的设置(调入、定义、存储、填写及编辑)

任务分析

CAXA 电子图板提供了 A0、A1、A2、A3、A4 五种标准图纸和五种标准的标题栏,在进行图幅设置时,除了可以指定图纸尺寸、图纸比例、图纸方向外,还可以调入图框和标题栏并设置当前图纸内所绘装配图中的零件序号、明细表风格等。因此只要根据图形的大小和需要进行设置和填写。

本次任务的重难点在于自定义图框和标题栏。

定义图框:首先绘制需定义为图框的图形及需加入图框的其他属性,通过定义图框以备调用;

定义标题栏:标题栏通常由线条和文字对象组成,准备好要定义到标题栏中的图形对象,包括直线、文字、属性定义等,调用定义标题栏功能,根据提示拾取组成标题栏的图形元素,拾取图形对象并定义为标题栏以备调用。

操作步骤

（一）图纸幅面设置

1. 打开文件

打开项目一任务一所绘制的图形（卡通房子）。

2. 图幅设置

（1）选择"幅面"→"图幅设置(S)"命令或单击工具栏中"图幅设置" 按钮，打开图幅设置命令，弹出图 2-2-3 所示的"图幅设置"对话框。

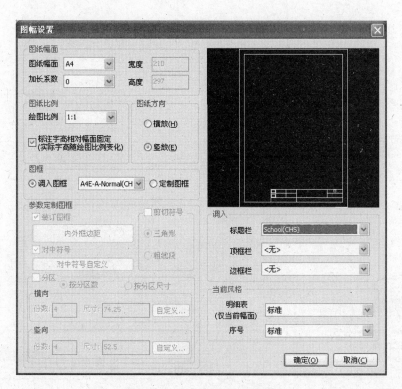

图 2-2-3　"图幅设置"对话框

（2）在图纸幅面下拉列表框中选择"A4"选项，选中"标注字高相对幅面固定"复选框，如图2-2-4所示。

（3）在绘图比例下拉列表框中选择"1：1"选项，如图 2-2-5 所示；在"图纸方向"选项组中选中"竖放"单选按钮，如图 2-2-6 所示。

（4）在"调入图框"下拉列表框中选择"A4E-A-Normal(CHS)"选项，如图 2-2-7 所示；在"调入"选项组中的"标题栏"下拉列表框中选择"School(CHS)"选项，如图 2-2-8 所示。

（5）在"当前风格"选项组中，明细表和序号按系统默认设置（标准），如图 2-2-9 所示。单击"确定" 确定 按钮，完成图幅设置，结果如图 2-2-10 所示。

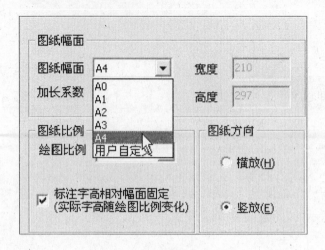

图 2-2-4　选择图纸幅面

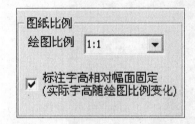

图 2-2-5　选择绘图比例

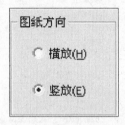

图 2-2-6　选择绘图比例

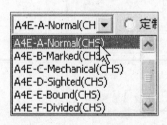

图 2-2-7　调入图框

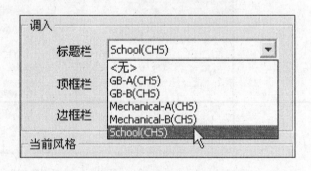

图 2-2-8　调入标题栏

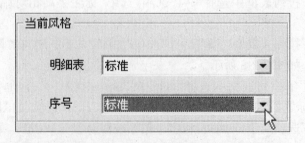

图 2-2-9　当前风格设置

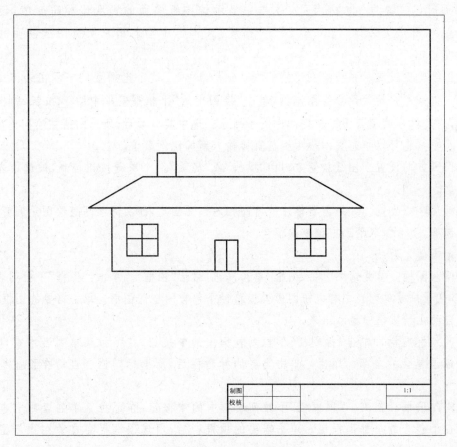

图 2-2-10 调入图框和标题栏

知识链接：图幅设置

为图纸指定图纸尺寸、图纸比例、图纸方向等参数。

在进行图幅设置时，除了可以指定图纸尺寸、图纸比例、图纸方向外，还可以调入图框和标题栏并设置当前图纸内所绘装配图中的零件序号、明细表风格等。

国家标准规定了五种基本图幅，并分别用 A0、A1、A2、A3、A4 表示。电子图板除了设置了这五种基本图幅以及相应的图框、标题栏和明细栏外，还允许自定义图幅和图框。

用以下方式可以调用"图幅设置"功能：

◆单击"幅面"主菜单中的"图幅设置"按钮。

◆单击"图幅操作"工具条中的："图幅设置" 按钮。

◆单击"图幅"选项卡中"图幅面板"的："图幅设置" 按钮。

◆执行 setup 命令。

"图幅设置"对话框中包括幅面参数、图框设置、调入及当前风格四个部分。

幅面参数：

①图纸幅面设置。单击"图纸幅面"下拉列表框中的 按钮，弹出一个下拉菜单，列

表框中有从 A0 到 A4 标准图纸幅面选项和用户定义选项可供选择。当所选择的幅面为基本幅面时,在"宽度"和"高度"文本框中显示该图纸幅面的宽度值和高度值,但不能修改;当选择"用户定义"时,在"宽度"和"高度"文本框中输入用户所需图纸幅面的宽度值和高度值。

②图纸比例设置。系统绘图比例的默认值为 1∶1。这个比例直接显示在绘图比例的对话框中。如果用户希望改变绘图比例,单击"绘图比例"下拉列表框中的 ▼ 按钮,弹出一个下拉菜单,列表框中的值为国标规定的比例系列值。选中某一项后,所选的值在绘图比例对话框中显示。用户也可以单击文本框由键盘直接输入新的比例数值。

③图纸方向设置。图纸放置方向由"横放"或"竖放"两个单选按钮控制,被选中者呈黑点显示状态。

④标注字高设置。如果需要标注的字高相对幅面固定,即实际字高随绘图比例变化,请选中此复选框。反之,取消选中该复选框。

调入幅面元素:

①调入图框。首先选中"调入图框"单选按钮,激活"图框"。单击:"图框"下拉列表框中的 ▼ 按钮,在下拉菜单列表中有电子图板模板路径下包含的全部图框。单击需要的图框后,所选图框会自动在预显框中显示出来。

②调入标题栏。单击"标题栏"下拉列表框中的 ▼ 按钮,在下拉菜单列表中有电子图板模板路径下包含的全部标题栏。单击需要的标题栏后,所选标题栏会自动在预显框中显示出来。

③调入顶框栏。单击"顶框栏"下拉列表框中的 ▼ 按钮,在下拉菜单列表中有电子图板模板路径下包含的全部顶框栏。单击需要的顶框栏后,所选顶框栏会自动在预显框中显示出来。

④调入边框栏。单击"边框栏"下拉列表框中的 ▼ 按钮,在下拉菜单列表中有电子图板模板路径下包含的全部边框栏。单击需要的边框栏后,所选边框栏会自动在预显框中显示出来。

提示:图纸幅面大小和方向要根据图形大小及绘图比例确定,要保证图形能放入图框之中,图纸大小应合适;图框大小及方向要和图纸大小及方向一致,否则将无法调入图框;要更改图幅、图框及标题栏,可以通过重新设置图纸幅面或重新调入图框及标题栏来完成。

(二)填写标题栏

(1)选择"幅面"→"标题栏"→"填写(F)"命令或单击工具栏中"填写" T 按钮,打开填写标题栏功能,如图 2-2-11 所示。

(2)双击"填写标题栏"对话框中的"属性编辑"选项卡的属性值栏,按属性名称填入相应的内容,如图 2-2-11 所示。

(3)单击"确定" 确定 按钮,完成标题栏的填写,结果如图 2-2-12 所示。

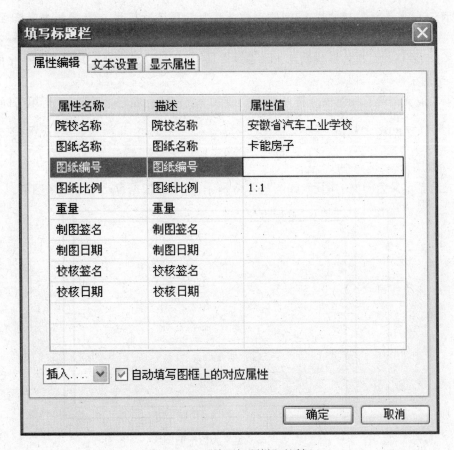

图 2-2-11 "填写标题栏"对话框

制图	王义夫	2011-11-11	卡通房子	1:1
校核	李三多	2011-12-12		
安徽省汽车工业学校			2011-001	

图 2-2-12 填写标题栏

知识链接:填写标题栏

　　填写当前图形中具有属性图框的属性信息。

　　如果定义的图框时拾取的对象中包含"属性定义",那么调入该图框后可以对这些属性进行填写。

　　用以下方式可以调用"填写图框"功能:

◆单击"幅面"主菜单中的"填写图框" 按钮。

◆单击"图框操作"工具条中的"填写图框" 按钮。

◆单击"图幅"选项卡中"图框面板"的"填写图框" 按钮。

◆执行 frmfill 命令。

提示：若要更改标题栏的内容,可通过重新填写标题栏来实现；若标题栏内容填写后,更换标题栏式样,则在新标题栏中,同更改前标题栏相同属性的内容被保留,而不同的部分的内容则会丢失；标题栏及图框可以从系统本身图库中调入,也可以自己动手定义有个性化的图框及标题栏,存放在系统中,供以后调用。

如果当前文档没有标题栏或标题栏不是原系统提供的标题栏,则不能进行填写标题栏。

（三）定义图框

1. 绘制图框

首先绘制定义为图框的图形,如图 2-2-13 所示,大小可根据自己的需要来确定。

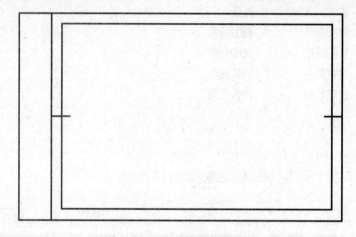

图 2-2-13 定义为图框的图形

2. 定义图框

（1）选择"幅面"→"图框"→"定义"命令或单击工具栏中"定义" 按钮,打开定义图框功能。

（2）选择图形。打开定义图框功能后,系统提示"拾取元素",拾取上述所绘制的图形,按【Enter】键或右击确认。

（3）确定基准点（即标题栏所插入图框的位置）。拾取确认后,系统提示"基准点:",单击图形内则右下角内框交点,系统会弹出"选择图框文件的幅面"对话框,如图 2-2-14 所示。

（4）设置图框幅面。单击"取定义值"按钮,系统弹出"保存图框"对话框。

（5）保存图框。在下方的文本框中输入图框的名称（我的图框）,如图 2-2-15 所示。单击"确定" 确定 按钮,完成图框的定义与保存。

提示：选择图框文件的幅面时,"取系统值"是按系统值（标准图纸幅面）调整图框大小,但形状保持不变；"取定义值"即按所绘图形的大小定义图框。

知识链接：定义图框

拾取图形对象并定义为图框以备调用。

通常有很多属性信息,例如描图、底图总号、签字、日期等需要附加到图框中,定义图框后可以填写这些属性信息。这些属性信息都可以通过属性定义的方式加入到图框中。

用以下方式可以调用"定义图框"功能：

◆单击"幅面"主菜单中的"定义图框" 按钮。

◆单击"图框操作"工具条中的"定义图框" 按钮。

◆单击"图幅"选项卡中"图框面板"的"定义图框" 按钮。

◆执行 frmdef 命令。

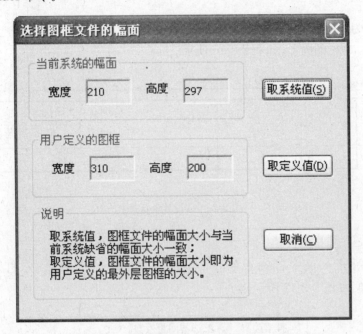

图 2-2-14　"选择图框文件的幅面"对话框

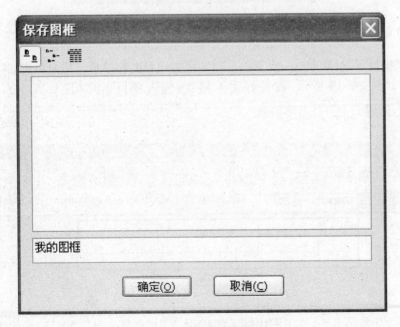

图 2-2-15　"保存图框"对话框

调用"定义图框"功能后,根据提示拾取要定义为图框的图形元素并确认,指定基准点弹出"保存图框"对话框,输入图框名称并单击"确定" 确定 按钮即可。

提示:基准点用来定位标题栏,一般选择图框的右下角。

(四)定义标题栏

1. 绘制作为标题栏的图形

绘制作为标题栏的图形,如图 2-2-16 所示。

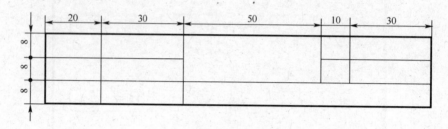

图 2-2-16　设计的标题栏

2. 添加标题栏项目名称

(1)选择"绘图"→"文字"命令或单击"绘图"工具栏中"文字" **A** 按钮,打开文字输入命令并设置立即菜单,如图 2-2-17 所示。

图 2-2-17　"文字"立即菜单

(2)当系统提示"拾取环内一点"时,在需要添加项目名称的单元格内单击,弹出"文本编辑器"对话框,如图 2-2-18 所示,设置好文本格式,输入项目名称(设计人员),单击"确定" 确定 按钮,完成一个项目名称的输入。

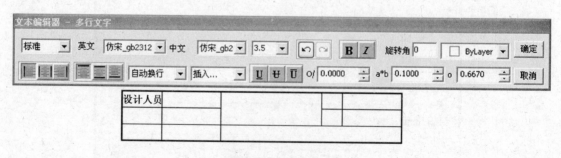

图 2-2-18　输入文字

(3)重复文字输入命令,在下图中输入"制图人员"、"审核人员"、"图号"、"比例",完成项目名称的输入,结果如图 2-2-19 所示。

设计人员		图号	
制图人员		比例	
审核人员			

图 2-2-19　制作标题栏

知识链接：文字

生成文字对象到当前图形中。

用以下方式可以调用"文字"功能：

◆单击"绘图"主菜单的"文字"**A**按钮。

◆单击"绘图"工具条的"文字"**A**按钮。

◆单击"标注"选项卡中的"标注面板"的"文字"**A**按钮。

◆执行 text 命令。

生成文字时有指定两点、搜索边界和拾取曲线 3 种方式，下面分别介绍。

两点文字：执行文字命令后，在立即菜单选择"指定两点"，根据提示用鼠标指定要标注文字的矩形区域的第一角点和第二角点。

搜索边界：调用"文字"功能后，在立即菜单选择"搜索边界"，根据提示指定边界内一点和边界间距系数，然后系统将弹出"文字输入"对话框和"文字编辑器"对话框。文字编辑方法同"指定两点"时的操作一致。

曲线文字：调用"文字"功能后，在立即菜单选择"拾取曲线"，根据提示拾取曲线，则会提示拾取文字标注的方向，文字选择方向不同，则产生不同的标注效果

3. 定义标题栏

(1)选择"幅面"→"标题栏"→"定义(D)"命令或单击工具栏中 按钮，打开定义标题栏功能。

(2)当系统提示"拾取元素："时，拾取上述所绘制的组成标题栏的图形元素，按【Enter】键或右击确认；这时系统提示"基准点"，单击图形的右下角，系统弹出"保存标题栏"对话框，如图 2-2-20所示，输入标题栏的名称(我的标题栏)，单击"确定" 确定 按钮，完成标题栏的保存。

提示：基准点，标题栏的定位点。

知识链接：定义标题栏

拾取图形对象并定义为标题栏以备调用。

标题栏通常由线条和文字对象组成，另外如图纸名称、图纸代号、企业名称等属性信息需要附加到标题栏中，这些属性信息都可以通过属性定义的方式加入到标题栏中。

用以下方式可以调用"定义标题栏"功能：

◆单击"幅面"主菜单中的"定义标题栏" 按钮。

◆单击"标题栏"工具条中的"定义标题栏" 按钮。

◆单击"图幅"选项卡中"标题栏面板"的"定义标题栏" 按钮。

◆执行 headdef 命令。

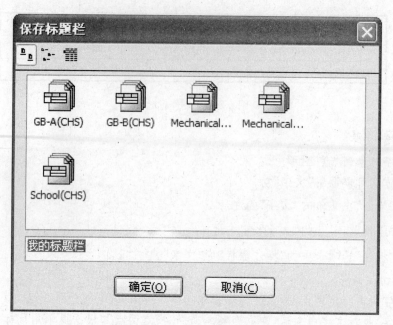

图 2-2-20 "保存标题栏"对话框

准备好要定义到标题栏中的图形对象,包括直线、文字、属性定义等,调用"定义标题栏"功能,根据提示拾取组成标题栏的图形元素。

指定标题栏的基准点并确认,在弹出的"保存标题栏"对话框中输入名称,单击"确定" 确定 按钮即可。

（五）编辑标题栏

1. 编辑标题栏

(1)选择"幅面"→"标题栏"→"编辑(E)"命令或单击工具栏中"编辑" 按钮,打开编辑标题栏功能,同时屏幕上出现"块"工具栏,如图 2-2-21 所示。

图 2-2-21 块工具栏

(2)单击 按钮,弹出"属性定义"对话框,如图 2-2-22 所示。

(3)在属性定义名称中填写"设计人员",在描述中填写"设计人员姓名",定位方式中选择列表中选择"搜索边界";在"文本设置"选项组中的"对齐方式"下拉列表框中选择"中间对齐",其他按系统默认设置,结果如图 2-2-23 所示。

(4)单击"确定" 确定 按钮,此时系统提示"拾取环内一点",单击需定义的单元格(设计人员右侧单元格),完成一个单元格属性的设置,结果如图 2-2-24 所示。

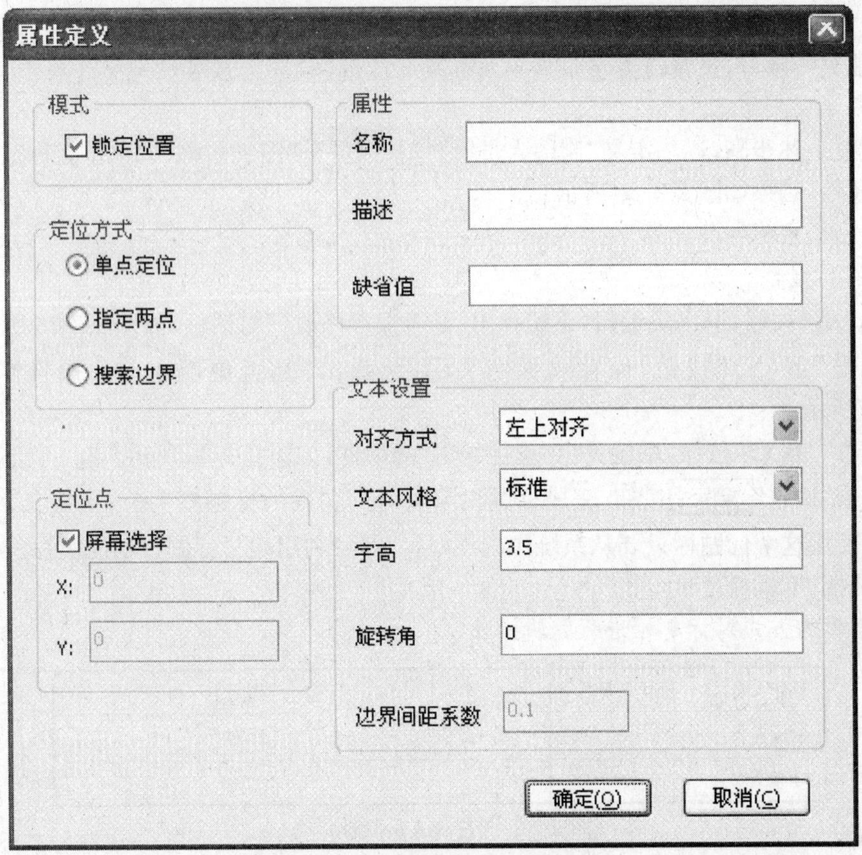

图 2-2-22 “属性定义”对话框

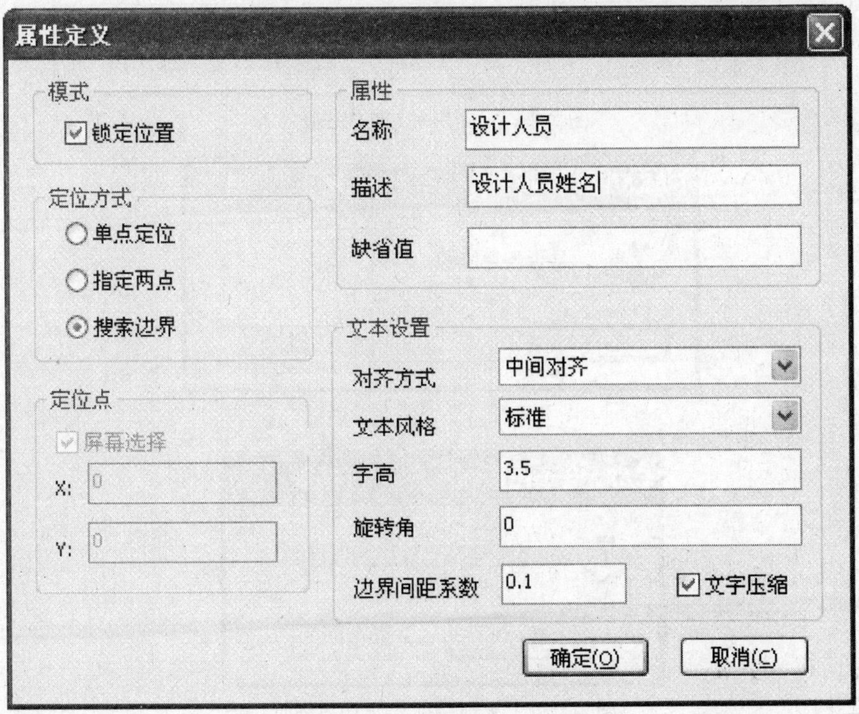

图 2-2-23 “属性定义”对话框

提示:各单元格的内容要根据表头和设计者意图确定,定义后,该单元格就可以利用填写标题栏功能进行填写,文字高度要根据单元格高度确定,若单元格属性定义过程中出现错误,可通过重复定义来修正。

(5)重复上述步骤,逐一定义"制图人员"、"审核人员"、"图纸名称"、"单位名称"、"图号"及"比例"的属性,结果如图 2-2-25 所示。

提示:图纸名称字高设为 5。

2. 保存标题栏

(1)单击📁按钮,退出块编辑,系统弹出"是否保存修改?"对话框,如图 2-2-26 所示。

(2)单击"是(Y)"按钮,保存属性定义,系统弹出"是否更新当前块属性?"对话框,如图2-2-27所示。

(3)单击"是(Y)"按钮,系统弹出"属性编辑"对话框,如图 2-2-28 所示。

(4)单击"确定 确定 "按钮,完成标题栏编辑,至此"我的标题栏"完成了定义、编辑与保存,以后要使用这个标题栏只要从系统中调用好可,并可利用填写标题栏功能填写。

知识链接:编辑标题栏

以块编辑的方式对标题栏进行编辑操作。

设计人员	设计人员		图号	
制图人员			比例	
审核人员				

图 2-2-24　设计人员属性定义

设计人员	设计人员		图号	图号
制图人员	制图人员	图纸名称	比例	比例
审核人员	审核人员	单位		

图 2-2-25　定义完成的标题栏

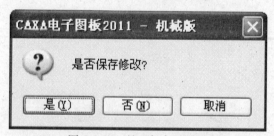

图 2-2-26　是否保存对话框

图 2-2-27　更新当前块属性对话框

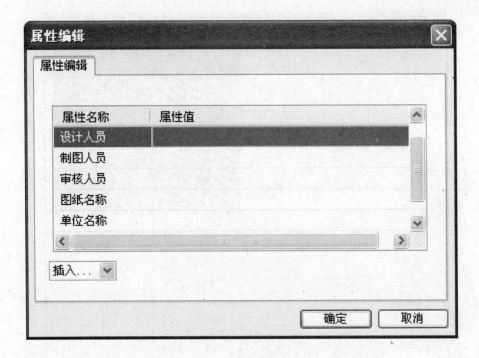

图 2-2-28 "属性编辑"对话框

标题栏是一个特殊的块,编辑标题栏命令就是以块编辑的方式对标题栏进行编辑操作。

用以下方式可以调用"编辑标题栏"功能:

◆单击"幅面"主菜单中的"编辑标题栏"按钮。

◆单击"标题栏"工具条中的"编辑标题栏"按钮。

◆单击"图幅"选项卡中"标题栏面板"的"编辑标题栏"按钮。

◆执行 headedit 命令。

调用"编辑标题栏"功能后,拾取要编辑的标题栏并确认,将进入块编辑状态,操作方法块编辑部分的方法相同。

(六)调出自定义的图框和标题栏

1. 调出自定义的图框和标题栏

(1)选择"幅面"→"图幅设置"命令或单击工具栏中"图幅设置"按钮,打开图幅设置命令,如图 2-2-29 所示。

(2)设置图幅。

在"图纸幅面"选项组中选择"用户自定义"选项。

在"宽度"文本框中输入"310"。

在"高度"文本框中输入"200"。

在"图框"选项组中的"调入图框"下拉列表框中选择"我的图框"选项。

在"调入"选项组中的"标题栏"下拉列表框中选择"我的标题栏"选项,如图 2-2-29 所示。

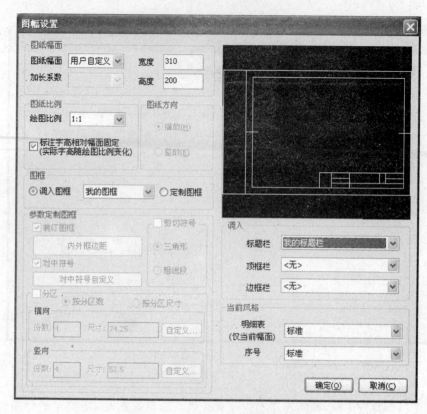

图 2-2-29　调入定义的图框和标题栏

(3)单击"确定" 确定 按钮,完成图幅设置,结果如图 2-2-30 所示。

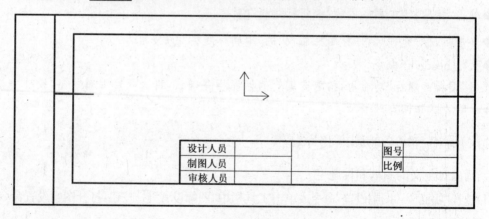

图 2-2-30　调入我的图框和我的标题栏

2. 填写标题栏

(1)选择"幅面"→"标题栏"→"填写(F)"命令或单击工具栏中"填写"图按钮,打开填写标题栏命令,如图 2-2-31 所示。

(2)在标题栏编辑框内填入相应的内容,如图 2-2-31 所示。

(3)单击"确定" 确定 按钮,完成标题栏的填写,结果如图 2-2-32 所示。

至此,任务完成,结果如图 2-2-33 所示。

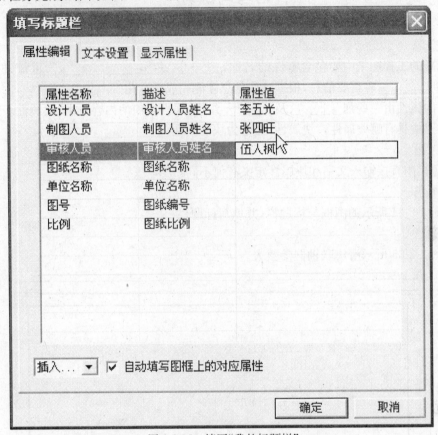

图 2-2-31　填写"我的标题栏"

设计人员	李五光	卡通房子	图号	2011-005
制图人员	张四旺		比例	1:1
审核人员	伍人枫	安徽省汽车工业学校		

图 2-2-32　填写标题栏

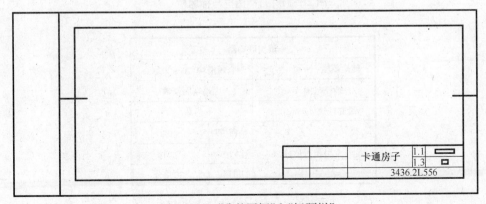

图 2-2-33　"我的图框"和"标题栏"

思考与练习

1. 填空题

(1)标准的工程图纸中要包含零件的名称、_____、_____、_____重量、材料以及从设计者到_____等重要信息，根据这些信息才能完成标准化生产。

(2)块的属性由一些列_____及_____组成，属性表项的内容可由"块属性表"命令认定，它指明了块具有哪些属性，"块属性"命令为块的属性_____，_____。

2. 思考题

在标题栏中直接输入文字和块属性定义有何不同？

3. 绘图题

制作图 2-2-34 所示的图框与标题栏，并填写标题栏。

4. 拓展练习

制作图 2-2-35 所示滑块联轴器参数表。

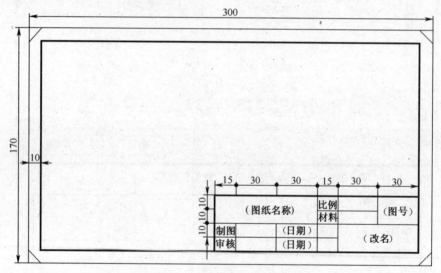

图 2-2-34　自制图框与标题栏

滑块联轴器		
转矩范围 /N·m	金属滑块120～20 000	
轴径范围 /mm	大端端面模数	
最高转速 /(r/min)	齿数	
许用相对位移	轴向/mm	<0.2
	径向/mm	0.04d
	角向	30角分

图 2-2-35　滑块联轴器参数表

任务三 计算机绘图更专业——轴类零件的绘制

任务背景

轴类零件是机器中非常重要的零件,在机器中支撑零件,保证轴上零件具有正确的工作位置,并和轴上零件一起作回转运动,传递运动和动力,因此轴类零件的尺寸和精度要求都比较高。本任务主要是通过绘制一般传动轴,掌握轴类零件的绘制方法及尺寸标注。

任务设置

绘制图 2-3-1 所示轴,并标注尺寸。

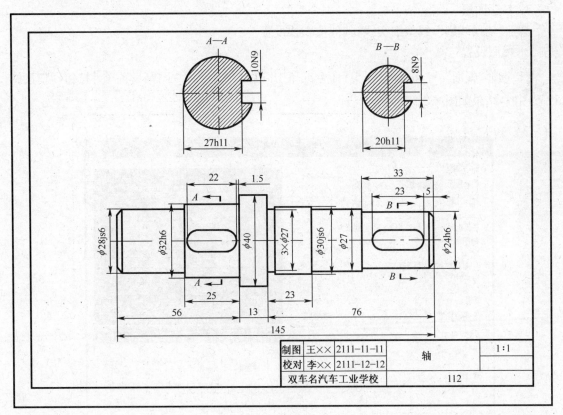

图 2-3-1 任务 3——轴

任务目标

通过本次任务,完成轴的绘制,应掌握以下操作:

✧ 孔(轴)的绘制
✧ 平行线绘制
✧ 过渡
✧ 剖面线的填充

◇ 尺寸标注

◇ 剖切视图标注

任务分析

本例为传动轴的绘制,主要利用 CAXA 电子图板中"孔/轴"功能绘制轴,然后用"平行线"和"圆"功能绘制键槽,再利用"过渡倒角",完成主视图后绘制剖面图,最后进行标注并填写标题栏。本次任务的重点是"孔/轴"、"过渡"及"工程标注"功能的运用。

操作步骤

(一)绘制环境设置

1. 新建图层

添加"辅助线层",线型细实线,其他按默认设置。

2. 幅面设置

(1)选择"幅面"→"图幅设置(S)"命令或单击"幅面"工具栏中"图幅设置" [] 按钮,打开并设置图幅,结果如图 2-3-2 所示。

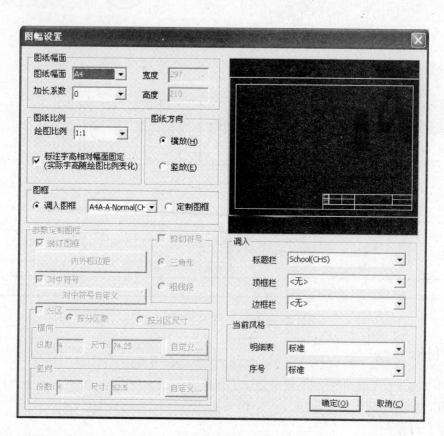

图 2-3-2 "图幅设置"对话框

(2)"图纸幅面"为 A4,"绘图比例"为 1∶1,"图纸方向"为横放,"调入图框"为 A4A－A－Normal(CHS),"调入"选项组中的"标题栏"为 School(HS)。

(二)绘制轴

1. 绘制轴

(1)选择"绘图"→"轴/孔"命令或单击工具栏中"轴/孔" 按钮,打开孔、轴绘制命令并设置立即菜单:

在立即菜单"1."下拉菜单中选择"轴"选项。

在立即菜单"2."下拉菜单中选择"直接给出角度"选项。

在立即菜单"3. 中心线角度"文本框中输入"0",如图 2-3-3 所示。

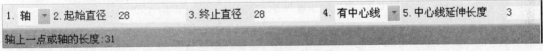

图 2-3-3 "孔/轴"立即菜单

(2)系统提示"插入点",输入轴左端点中心坐标(或用键盘输入插入点坐标),按【Enter】键确认插入点,并弹出立即菜单:

在立即菜单"2. 起始直径"下拉列表框中输入"28"。

在立即菜单"3. 终止直径"文本框中输入"28"。

在立即菜单"4."下拉菜单中选择"有中心线",如图 2-3-4 所示。

1. 轴	2.起始直径 28	3.终止直径 28	4. 有中心线	5.中心线延伸长度 3
轴上一点或轴的长度:31				

图 2-3-4 "轴"立即菜单

提示:如果轴的起始直径和终止直径一致,在输入起始直径后,系统会自动更改终止直径(同起始直径一致),如果系统未能及时更正,只要将光标在终止直径位置移动一下即可。

(3)系统提示"轴上一点或轴的长度",输入长度"31",如图 2-3-4 所示,移动光标指示轴绘制的方向,按【Enter】键确认,完成阶梯轴第一段的绘制,结果如图 2-3-5 所示。

提示:光标方向将代表轴的绘制方向,因此在输入"轴上一点或长度:"值并确认之前,要将光标移动到你要绘制的方向。此后绘制的轴都要注意光标的方向。

图 2-3-5 绘制的第一段轴

2. 继续绘制,重复上述(2)～(3)步骤

(1)在立即菜单"2:起始直径"中输入直径"32",当系统提示"轴上一点或轴的长度"时,输入长度"25",按【Enter】键确认,完成阶梯轴第二段的绘制。如图 2-3-6 所示。

(2)在立即菜单"2:起始直径"文本框中输入直径"40",系统提示"轴上一点或轴的长度",输入长度"13",按【Enter】键确认,完成阶梯轴第三段的绘制,如图 2-3-7 所示。

(3)同理,分别绘制直径为 27、30、27、24,长度为 3、20、23、33 的四段。再次按【Enter】键或右击确认,退出"孔/轴"绘制命令。至此,整个轴绘制全部完成,结果如图 2-3-8 所示。

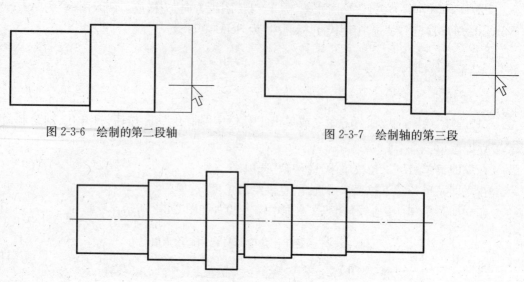

图 2-3-6 绘制的第二段轴   图 2-3-7 绘制轴的第三段

图 2-3-8 绘制的轴

知识链接：孔/轴

在给定位置画出带有中心线的轴和孔或画出带有中心线的圆锥孔和圆锥轴。

用以下方式可以调用"孔/轴"功能：

◆单击"绘图"主菜单中的"轴/孔"⤢按钮。

◆单击"常用"选项卡中"高级绘图面板"上的"轴/孔"⤢按钮。

◆单击"绘图"工具条上的"轴/孔"⤢按钮。

◆执行 hole 命令。

"孔/轴"命令使用立即菜单进行交互操作，调用"孔/轴"功能后弹出立即菜单如图 2-3-9 所示。

: 1. 轴 ▾ 2. 直接给出角度 ▾ 3. 中心线角度 0

图 2-3-9 "孔/轴"立即菜单

单击立即菜单"1."，则可进行"轴"和"孔"的切换，不论是画轴还是画孔，剩下的操作方法完全相同。轴与孔的区别只是在于在画孔时省略两端的端面线。

单击立即菜单中的"2.中心线角度"，用户可以按提示输入一个角度值，以确定待画轴或孔的倾斜角度，角度的范围是(—360,360)。

按提示要求，移动鼠标或用键盘输入一个插入点，这时在立即菜单处出现一个新的立即菜单，如图 2-3-10 所示。

: 1. 轴 ▾ 2.起始直径 100   3.终止直径 100 4. 有中心线 ▾ 5.中心线延伸长度   3

图 2-3-10 "轴"立即菜单

立即菜单列出了待画轴的已知条件，提示表明下面要进行的操作。此时，如果移动鼠标会发现，一个直径为 100 的轴被显示出来，该轴以插入点为起点，其长度由用户给出。

如果单击立即菜单中的"2. 起始直径"或"3：终止直径"，用户可以输入新值以重新确定轴或孔的直径，如果起始直径与终止直径不同，则画出的是圆锥孔或圆锥轴。

立即菜单"4. 有中心线"表示在轴或孔绘制完后，会自动添加上中心线，如果单击"无中心线"方式则不会添加上中心线。

当立即菜单中的所有内容设定完后，用鼠标确定轴或孔上一点，或由键盘输入轴或孔的轴长度。一旦输入结束，一个带有中心线的轴或孔被绘制出来。

图 2-3-11(a)、(b)所示为用上述操作所画的孔和轴，但在实际绘图过程中孔应绘制在实体中。图 2-3-11(c)所示为阶梯轴和孔的综合例子。

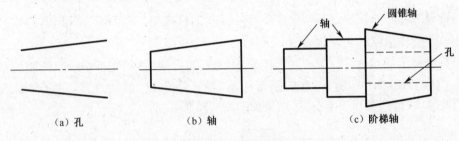

(a) 孔　　　　　　　(b) 轴　　　　　　　(c) 阶梯轴

图 2-3-11　轴和孔

(三)绘制键槽

1. 绘制辅助线(确定键槽两端圆弧圆心的位置)

(1)将辅助线层设为当前图层。

(2)选择"绘图"→"平行线"命令或单击工具栏中"平行线" ⫽ 按钮，打开绘制平行线命令并设置立即菜单：

在立即菜单"1."下拉菜单中选择"偏移方式"选项。

在立即菜单"2."下拉菜单中选择"单向"选项，如图 2-3-12 所示。

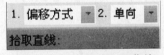

图 2-3-12　平行线立即菜单

(3)系统提示"拾取直线："，拾取直径为 32 的轴左端的线段，移动光标指示要绘制的平行线的方向(右侧)，如图 2-3-13 所示，此时系统提示"输入距离或点(切点)"，用键盘输入"6.5"，按【Enter】键确认，得到第一条平行线，结果如图 2-3-13 所示。

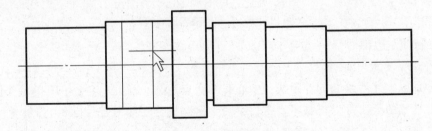

图 2-3-13　绘制直线平行线

(4)用键盘输入"18.5"，按【Enter】键确认，得到第二条平行线，结果如图 2-3-14 所示。按【Enter】键或右击，退出"平行线绘制"命令。

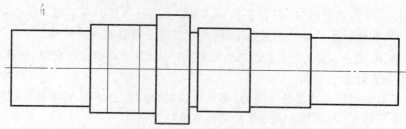

图 2-3-14   左侧键槽辅助线绘制

提示:绘制键槽的关键是确定两端圆心的位置,可根据图纸尺寸标注计算圆心距轴端的距离和两圆心的距离。上述绘制的两条等距线与中心线的交点即为键槽两端圆弧的圆心。

(5)选择"绘图"→"平行线"命令或单击"绘图"工具栏中"平行线" ⁄⁄ 按钮,再次打开平行线绘制命令(选择偏移方式、单向)。

(6)系统提示"拾取直线:",拾取直径为 24 的轴的右端,移动光标指示要绘制的平行线的方向(左侧),如图 2-3-15 所示,此时系统提示"输入距离或点(切点)",用键盘输入"9",按【Enter】键确认,得到第一条平行线,结果如图 2-3-15 所示。

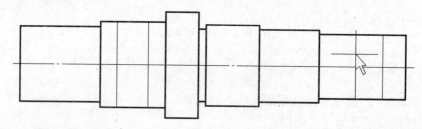

图 2-3-15   绘制直线平行线

(7)用键盘输入"20",按【Enter】键确认,得到第二条平行线,结果如图 2-3-16 所示。按【Enter】键或右击,退出平行线绘制命令。

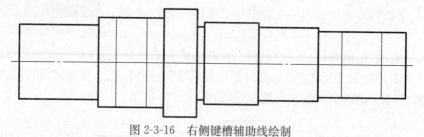

图 2-3-16   右侧键槽辅助线绘制

2. 绘制轴左边键槽

(1)将 0 层设为当前图层。

(2)分别以上述所绘制的等距线与中心线的交点为圆心,绘制直径为 10 的两个圆。

提示:键槽的大小可以根据 $A-A$ 剖面图看出键槽两端圆的直径为 20,即键槽的宽度。

(3)选择"绘图"→"平行线"命令或单击工具栏中"平行线" ⁄⁄ 按钮,打开平行线绘制命令并设置立即菜单:

在立即菜单"1."下拉菜单中选择"偏移方式"选项。

在立即菜单"2."下拉菜单中选择"双向"选项,如图 2-3-17 所示。

（4）系统提示"拾取直线："，拾取轴的中心线，当系统提示"输入距离或点（切点）"时，用键盘输入"5"，得到轴心线的双向平行线，按【Enter】键确认，退出"平行线"命令，结果如图2-3-18所示。

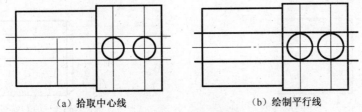

图2-3-17 平行线立即菜单

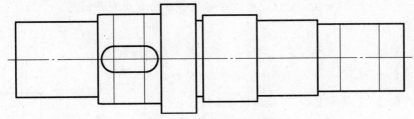

(a) 拾取中心线   (b) 绘制平行线

图 2-3-18 绘制键槽

（5）修剪多余的线段，完成轴左端键槽的绘制，结果如图 2-3-19 所示。

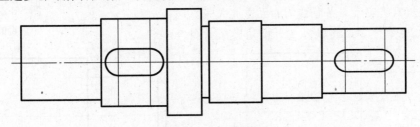

图 2-3-19 绘制成型的键槽

3. 绘制右边的键槽

重复上述步骤，用同样的方式绘制轴右边的键槽（直径为 8），结果如图 2-3-20 所示。

图 2-3-20 键槽绘制

注意：键槽的大小可以根据 $B-B$ 剖面图看出键槽两端圆的直径为 8。

（四）轴端倒角

1. 轴外倒角

（1）选择"修改"→"过渡"命令或单击工具栏中"过渡" 按钮，打开过渡命令并设置立即菜单：

在立即菜单"1："下拉菜单中选择"外倒角"方式。

在立即菜单"2："下拉菜单中选择"长度和角度"方式。

在立即菜单"3：长度"文本框中输入"2"。

在立即菜单"4：角度"文本框中输入"45"，如图 2-3-21 所示。

（2）当系统提示"拾取第一条直线"时，移动光标拾取构成外倒角的三条直线（见图 2-3-22）完成轴左端面的倒角，结果如图 2-3-23 所示。

图 2-3-21　外倒角立即菜单

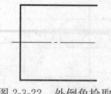

图 2-3-22　外倒角拾取

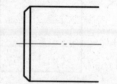

图 2-3-23　轴左端外倒角

知识链接：外倒角

拾取一对平行线及其垂线分别作为两条母线和端面线生成外倒角。

用以下方式可以调用"外倒角"功能：

◆单击"修改"主菜单中"过渡"子菜单中的"外倒角" 按钮。

◆单击"常用"选项卡中"过渡"功能子菜单的"外倒角" 按钮。

◆单击"过渡"工具条上的"外倒角" 按钮。

◆执行 chamferaxle 命令。

三条相互垂直的直线是指类似于图 2-3-24 所示的三条直线，即直线 a、b 同垂直于 c，并且在 c 的同侧。外倒角的结果与三条直线拾取的顺序无关，只决定于三条直线的相互垂直关系。

图 2-3-25 和图 2-3-26 所示为外倒角操作示例。

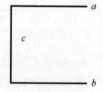

图 2-3-24　相互垂直的直线

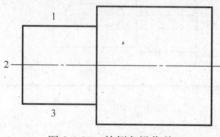

图 2-3-25　外倒角操作前

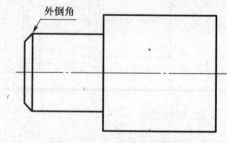

图 2-3-26　外倒角操作结果

2. 对右端面进行外倒角的操作

用同样的方法对右端面进行外倒角 C2 操作，完成后如图 2-3-27 所示。

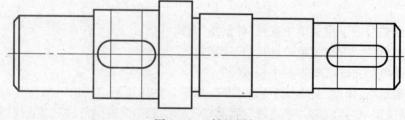

图 2-3-27　轴的倒角

（五）剖面图的绘制

1. 绘制 $A-A$ 剖面图

（1）绘制一个直径为 32 的圆（带中心线），如图 2-3-28 所示。

（2）选择"绘图"→"平行线"命令或单击工具栏中"平行线" 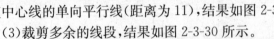 按钮，打开平行线绘制命令。作水平中心线的双向平行线（距离为 5），作垂直中心线的单向平行线（距离为 11），结果如图 2-3-29 所示。

（3）裁剪多余的线段，结果如图 2-3-30 所示。

图 2-3-28　绘制圆

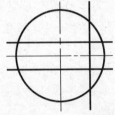

图 2-3-29　绘制平行线

图 2-3-30　裁剪后

2. 填充剖面线

（1）选择"绘图"→"剖面线"命令或单击工具栏中"剖面线" ⊞ 按钮，打开填充剖面线命令并设置立即菜单：

在立即菜单"1."下拉菜单中选择"拾取边界"，其他按系统默认设置，如图 2-3-31 所示。

1. 拾取边界 ▾	2. 不选择剖面图案 ▾	3. 比例: 3	4. 角度 45	5. 间距错开: 0
拾取边界曲线				

图 2-3-31　剖面线立即菜单

（2）系统提示"拾取边界曲线："，拾取 $A-A$ 剖面图的外轮廓（圆及键槽的三个边），然后按【Enter】键或右击确认，完成剖面线填充，结果如图 2-3-32 所示。

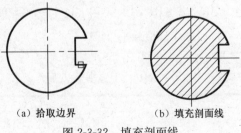

（a）拾取边界　　　　　　（b）填充剖面线

图 2-3-32　填充剖面线

知识链接：填充剖面线

使用填充图案对封闭区域或选定对象进行填充，生成剖面线

用以下方式可以调用"剖面线"功能：

◆单击"绘图"主菜单中的"剖面线" ⊞ 按钮。

◆单击"绘图"工具条中的"剖面线" ▨ 按钮。

◆单击"常用"选项卡中"基本绘图面板"的"剖面线" ▨ 按钮。

◆执行 hatch 命令。

"剖面线"功能使用立即菜单进行交互操作,调用"剖面线"功能后弹出如图 2-3-33 所示的立即菜单。

| 1. 拾取点 ▼ | 2. 不选择剖面图案 ▼ | 3. 非独立 ▼ | 4. 比例: 3 | 5. 角度 45 | 6. 间距错开: 0 |

图 2-3-33 "剖面线"立即菜单

生成剖面线的方式分为"拾取点"和"拾取边界"两种方式。

拾取点绘制剖面线。根据拾取点的位置,从右向左搜索最小内环,根据环生成剖面线。如果拾取点在环外,则操作无效。

①执行"剖面线"命令,在图 2-3-33 所示的立即菜单"1."中选择"拾取点"选项。

②单击立即菜单中的"2.",可以选择是否选择剖面图案,如果"不选择剖面图案"将按默认图案生成。如果"选择"剖面图案,将弹出图 2-3-34 所示的对话框。

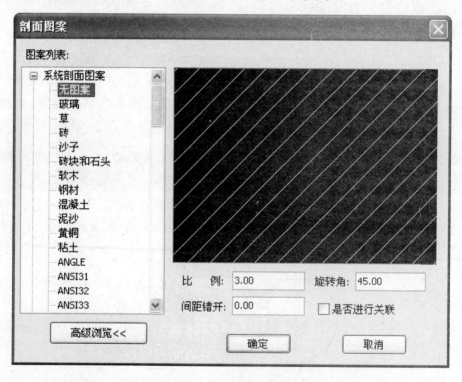

图 2-3-34 "剖面图案"对话框

在此对话框中可以设置剖面线的比例、旋转角、间距错开等参数。

③单击"确定" 确定 按钮后移动鼠标拾取封闭环内的一点,系统搜索到的封闭环上的各条曲线变为红色,然后右击"确定" 确定 按钮,这时,一组按立即菜单上用户定义的剖面线立刻在环内画出。此方法操作简单、方便、迅速,适合应于各式各样的封闭区域。

提示：拾取环内点的位置，当用户拾取完点以后，系统首先从拾取点开始，从右向左搜索最小封闭环。

图 2-3-35 所示的拾取点位置中，矩形为一个封闭环，而其内部又有一个圆，圆也是一个封闭环。若拾取点设在 a 处，则从 a 点向左搜索到的最小封闭环是矩形，a 点在环内，可以作出剖面线。若拾取点设在 b 点，则从 b 点向左搜索到的最小封闭环为圆，b 点在环外，不能作出剖面线。

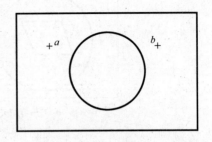

图 2-3-35　拾取点的位置

拾取边界绘制剖面线。根据拾取到的曲线搜索环生成剖面线。如果拾取到的曲线不能生成互不相交的封闭环，则操作无效。

①执行剖面线命令，在图 2-3-33 弹出的立即菜单"1."中选择"拾取边界"选项。

②确定剖面图案和参数。

③移动鼠标拾取构成封闭环的若干条曲线，如果所拾取的曲线能够生成互不相交（重合）的封闭的环，右击确认后，一组剖面线立即被显示出来，否则操作无效。例如，图 2-3-36(a) 所示封闭环被拾取后可以画出剖面线。而图 2-3-36(b) 所示为由于不能生成互不相交的封闭的环，系统认为操作无效，不能画出剖面线。

④在拾取边界曲线不能够生成互不相交的封闭的环的情况下，应改用拾取点的方式。

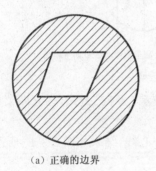

（a）正确的边界

（b）错误的边界

图 2-3-36　拾取边界曲线的正误

由于拾取边界曲线的操作处于添加状态，因此，拾取边界的数量是不受限制的，被拾取的曲线变成了红色，拾取结束后，右击确认。不被确认的拾取操作不能画出剖面线，确认后，被拾取的曲线恢复了原色，并在封闭的环内画出了剖面线。

图 2-3-37 所示为用拾取边界方式绘制剖面线的，在拾取边界时，可以用窗口拾取，也可以单个拾取每一条曲线。

3. 绘制 $B-B$ 剖面图

(1)用同样的方法绘制一个带中心线，直径为 24 的圆。

(2)选择"绘图"→"等距线"命令或单击工具栏中"等距线" 🖱 按钮，打开绘制等距线命令并设置立即菜单，如图 2-3-38 所示。

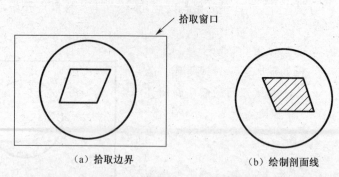

图 2-3-37　拾取边界方式绘制剖面线

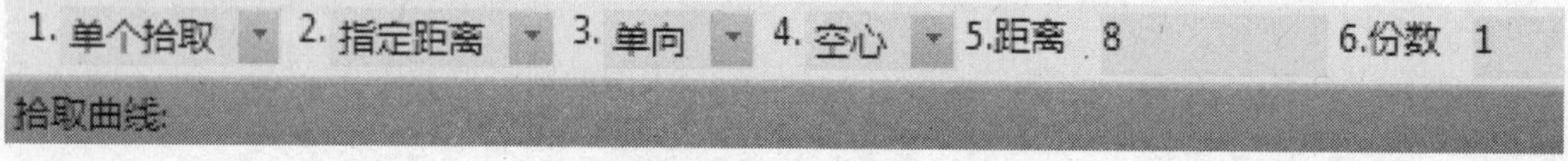

图 2-3-38　"等距线"立即菜单

（3）系统提示"拾取曲线："，移动光标拾取垂直中心线，如图 2-3-39（a）所示。移动光标至右边箭头处单击，结果如图 2-3-39（b）所示。

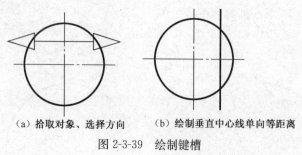

图 2-3-39　绘制键槽

（4）修改立即菜单，在立即菜单"3."下拉菜单中选择"双向"方式，在立即菜单"5. 距离"中输入"4"。

（5）系统提示"拾取曲线."，移动光标拾取水平中心线，结果如图 2-3-40 所示。

（6）裁剪多余的线段，结果如图 2-3-41 所示。

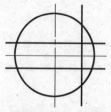

图 2-3-40　绘制水平中心线双向等距线

图 2-3-41　裁剪线段

4. 填充剖面线

选择"绘图"→"剖面线"命令或单击工具栏中"剖面线" ▨ 按钮，打开剖面线绘制命令并设置立即菜单，如图 2-3-42 所示。拾取环并填充剖面线，如图 2-3-43 所示。

关闭辅助线层，至此整个图形绘制完成，结果如图 2-3-44 所示。

| 1. 拾取点 ▼ | 2. 不选择剖面图案 ▼ | 3.比例: 3 | 4.角度 45 | 5.间距错开: 0 |

拾取环内一点:

图 2-3-42 "剖面线"立即菜单

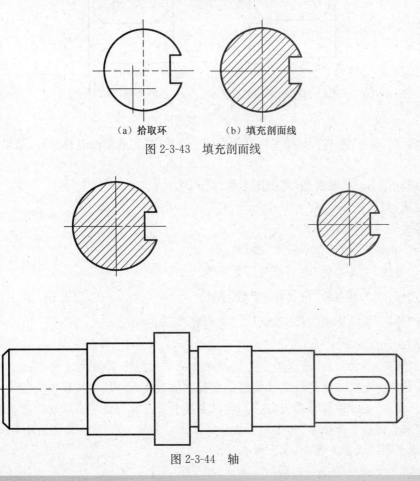

（a）拾取环　　　　（b）填充剖面线

图 2-3-43 填充剖面线

图 2-3-44 轴

（六）工程标注

1. 剖视图标注

(1)选择"标注"→"剖切符号(S)"命令或单击工具栏中"剖切符号" 按钮,打开剖切符号标注命令,如图 2-3-45 所示。

(2)在立即菜单"1. 剖面名称:"中输入所要标注的剖切符号名称(A)。

| 1.视图名称 　A |
| 画剖切轨迹 (画线): |

图 2-3-45 "剖切符号标注"立即菜单

"画剖切轨迹线（画线）:"用两点线方式画剖切轨迹线（见图 2-3-46),完成后按【Enter】键或右击确认。

"请单击箭头选择剖切方向:"移动鼠标选择正确的视图方向(在该方向单击)。

"指定剖面名称标注点:"移动光标到确定放置剖切符号位置单击,放置剖面符号名称(此步骤可重复操作,如图 2-3-46 所示),完成后按【Enter】键或右击确认。

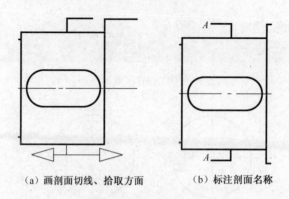

(a) 画剖面切线、拾取方面　　　　(b) 标注剖面名称

图 2-3-46　剖视图标注

"指定剖面名称标注点：":移动光标在剖面图上方单击,完成剖面名称标注,结果如图 2-3-47 所示。

(3)同理标注 $B-B$ 剖视图(将视图名称改为 B)。

知识链接:剖切符号标注

标出剖面的剖切位置。

用以下方式可以调用"剖切符号"功能：

◆单击"标注"主菜单的"剖切符号" ⚄ 按钮。

◆单击"标注"工具条的"剖切符号" ⚄ 按钮。

◆单击"标注"选项卡中"标注面板"的"剖切符号" ⚄ 按钮。

◆执行 hatchpos 命令。

调用"剖切符号"功能后,根据提示先以两点线的方式画出剖切轨迹线,当绘制完成后,右击结束画线状态。此时在剖切轨迹线的终止点显示出沿最后一段剖切轨迹线法线方向的两个箭头标识,并提示"请拾取所需的方向："。可以在两个箭头的一侧单击以确定箭头的方向或者右击取消箭头。然后系统提示"指定剖面名称标注点："拖动一个表示文字大小的矩形到所需位置单击,此步骤可以重复操作,直至右击结束。

图 2-3-48 所示为剖切符号的图例。

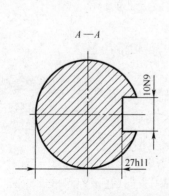

图 2-3-47　标注剖面图剖切名称

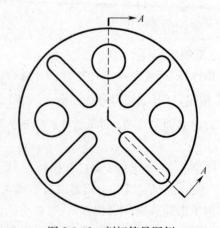

图 2-3-48　剖切符号图例

2. 尺寸标注

(1)选择"标注"→"尺寸标注"→"基本标注"命令或单击工具栏中"基本标注"  按钮,打开基本标注命令。

(2)操作提示栏提示"拾取标注元素或点取第一点;"时,拾取图 2-3-44 所示轴第一段圆周直径,系统弹出基本标注菜单,如图 2-3-49 所示。

图 2-3-49 "基本标注"立即菜单

(3)选择标注的参数,移动光标确定标注位置(见图 2-3-50)右击,弹出尺寸属性设置对话框,如图 2-3-51 所示。

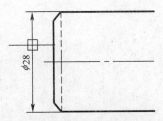

图 2-3-50 拾取标注元素

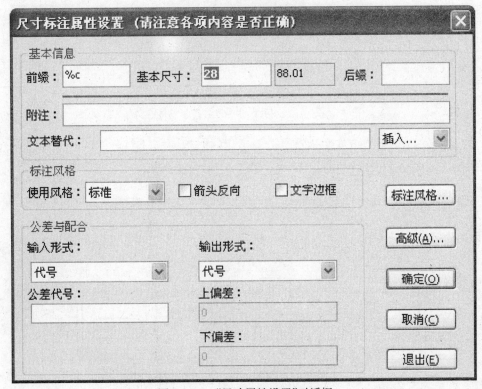

图 2-3-51 "尺寸属性设置"对话框

(4)在"公差与配合"选项组中的"输入形式"下拉列表框中选择"代号"选项,"输出形式"下拉列表框中选择"代号"选项,然后单击"高级(A)"按钮,弹出"公差与配合可视化查询"对话框,如图 2-3-52 所示。

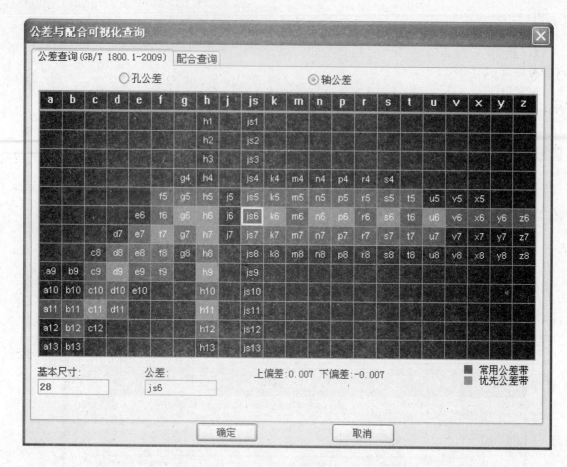

图 2-3-52 "公差与配合可视化查询"对话框

(5)查询轴公差,选择"js6",单击"确定" 确定 按钮,返回"属性设置"对话框,再次单击"确定" 确定 按钮,完成轴尺寸与公差标注,结果如图 2-3-53 所示。

(6)按同样方法,采用基本标注,标出轴其他段的尺寸及公差,结果如图 2-3-54 所示。

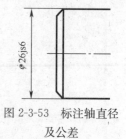

图 2-3-53 标注轴直径
及公差

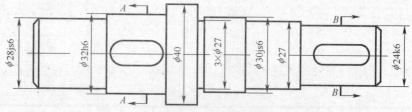

图 2-3-54 标注阶梯轴直径

知识链接:基本标注

快速生成线性尺寸、直径尺寸、半径尺寸、角度尺寸等基本类型的标注。
用以下方式可以调用"基本标注"功能:

◆单击"尺寸标注"功能按钮处子菜单的"基本标注" 按钮。

◆调用"尺寸标注"功能并在立即菜单选择"基本标注"命令。

◆执行 powerdim 命令。

调用"基本标注"功能后,根据提示拾取要标注的对象,电子图板的基本标注可以根据所拾取对象自动判别要标注的尺寸类型,然后再确认标注的参数和位置即可。拾取单个对象和先后拾取两个对象的概念和操作方法不同。

标注单个对象:

①直线的标注:长度的标注、直径的标注、直线与坐标轴夹角的标注,如图 2-3-55 所示。

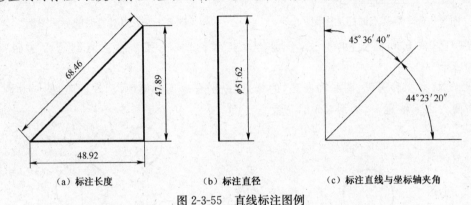

（a）标注长度　　　　　　（b）标注直径　　　　　（c）标注直线与坐标轴夹角

图 2-3-55　直线标注图例

②圆的标注:可标注圆的直径、半径及圆周直径,如图 2-3-56 所示。

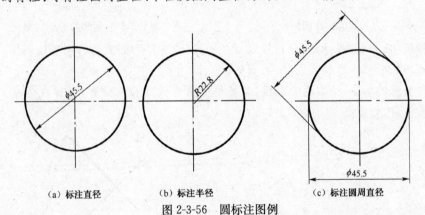

（a）标注直径　　　　　（b）标注半径　　　　　　（c）标注圆周直径

图 2-3-56　圆标注图例

③圆弧的标注:可标注圆弧的半径、直径、圆心角、弦长及弧长,如图 2-3-57 所示。

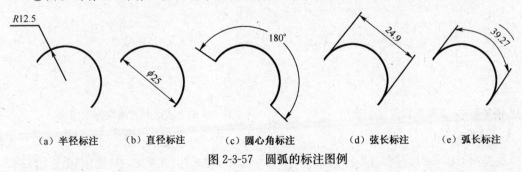

（a）半径标注　　（b）直径标注　　　（c）圆心角标注　　　（d）弦长标注　　（e）弧长标注

图 2-3-57　圆弧的标注图例

标注两个对象：

①点和点的标注：分别拾取两点（屏幕点、孤立点或利用工具点菜单画的特征点），标注两点之间的距离，如图 2-3-58 所示。

②点和直线的标注：分别拾取点和直线，标注点到直线的距离，如图 2-3-59 所示。

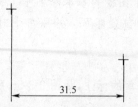

图 2-3-58　点和点的标注图例

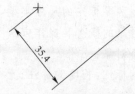

图 2-3-59　点和直线的标注图例

③点和圆（或点和圆弧）的标注：分别拾取点和圆（或圆弧），标注点到圆心的距离，如图 2-3-60 所示。

④圆和圆（或圆和圆弧、圆弧和圆弧）的标注：分别拾取圆和圆（或圆和圆弧、圆弧和圆弧），标注两个圆心之间的距离，如图 2-3-61 所示。

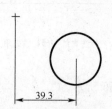

图 2-3-60　点和圆的标注图例

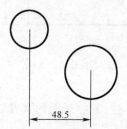

图 2-3-61　圆和圆的标注图例

⑤直线和圆（或圆弧）的标注：分别拾取直线和圆（或直线和圆弧），标注直线到圆心之间的距离，如图 2-3-62 所示。

⑥直线和直线的标注：拾取两条直线，系统根据两直线的相对位置（平行或相交），标注两直线的距离或夹角，如图 2-3-63 所示。

图 2-3-62　直线和圆的标注图例

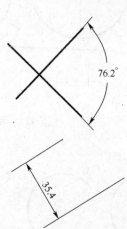

图 2-3-63　直线和直线的标注图例

3. 标注键槽尺寸

(1)选择"标注"→"尺寸标注"→"连续标注"命令或单击"标注"工具栏中"连续标注"　按

钮,当系统提示"拾取线性尺寸或第一引出点"时,拾取键槽左端圆弧顶点,系统提示"拾取第二引出点",设置好尺寸参数,拾取键槽右端圆弧顶点,此时系统提示"尺寸线位置",移动光标指定尺寸线位置后单击确认,完成连续标注第一段尺寸标注,如图 2-3-64 所示。

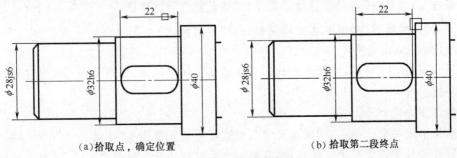

(a)拾取点,确定位置   (b)拾取第二段终点

图 2-3-64   标注键槽

(2)第一段尺寸线位置确定后系统提示"拾取第二引出点",拾取轴端顶点,如图 2-3-65 所示。按【Esc】键退出,完成左端键槽的尺寸标注。

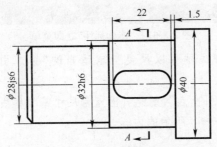

图 2-3-65   标注完成的键槽

(3)按同样方法标注轴右端键槽的尺寸,完成后的图形如图 2-3-66 所示。

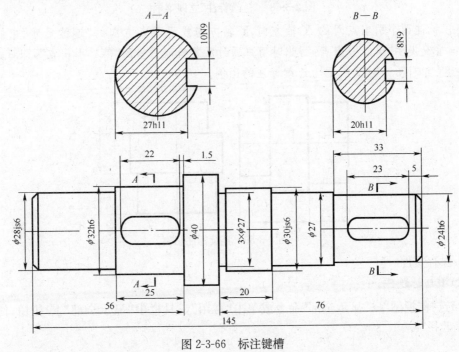

图 2-3-66   标注键槽

知识链接:连续标注

生成一系列首尾相连的线性尺寸标注。

用以下方式可以调用"连续标注"功能:

◆单击"尺寸标注"功能按钮处子菜单的"连续标注" 按钮。

◆调用"尺寸标注"功能并在立即菜单选择"连续标注"命令。

◆执行 contdim 命令。

调用"连续标注"功能,按提示操作即可连续生成多个标注,拾取一个已有标注或引出点操作方法不同。

具体操作方法如下:

①如果拾取一个已标注的"线性尺寸",则该线性尺寸就作为"连续尺寸"中的第一个尺寸,并按拾取点的位置确定尺寸基准界线,沿另一方向可标注后续的连续尺寸,此时相应的立即菜单如图 2-3-67 所示。

图 2-3-67 "连续标注"立即菜单(一)

给定第二引出点后,按提示可以反复拾取适当的"第二引出点",即可标注出一组"连续尺寸"。

②如果拾取的是"第一引出点",则此引出点为尺寸基准界线的引出点,按提示拾取第二引出点后,立即菜单变为图 2-3-68 所示的内容。

图 2-3-68 "连续标注"立即菜单(二)

可以标注两个引出点间的 X 轴方向、Y 轴方向或沿两点方向的"连续尺寸"中的第一尺寸,系统重复提示"第二引出点:",此时用户通过反复拾取适当的"第二引出点",即可标注出一组"连续尺寸",图 2-3-69 所示为连续标注的图例。

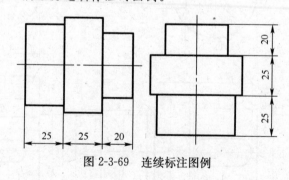

图 2-3-69 连续标注图例

4. 保存文件

(1)填写标题栏。

(2)选择"视图"→"显示全部"命令或单击"常用"工具栏中"显示全部" 按钮,使图形充满绘图区。

（3）选择"文件"→"存储文件"命令或单击工具栏中"保存" 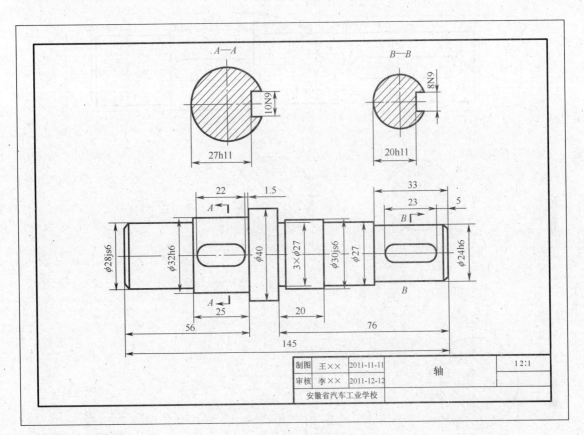 按钮,完成文件的保存,结果如图 2-3-70 所示。

图 2-3-70　轴

思考与练习

1. 填空题

（1）剖面线可以通过_____和_____来拾取要进行剖面的区域。

（2）轴和孔的区别在于_____。

（3）圆角的过渡方式有_____、_____和_____三种。

（4）CAXA 电子图板中尺寸标注由_____、_____、_____和四部分。

2. 思考题

（1）内倒角和外倒角有何区别?

（2）孔和轴有何不同?

3. 绘图题

绘制图 2-3-71 所示的轴并标注。

4. 拓展练习

绘制图 2-3-72 所示的轴并标注。

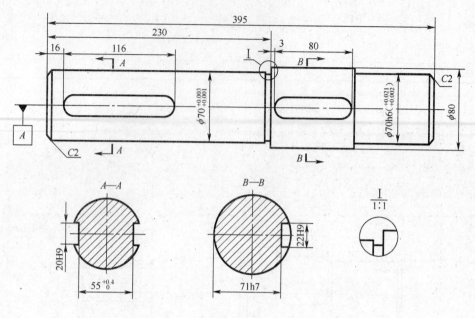

图 2-3-71　轴(一)

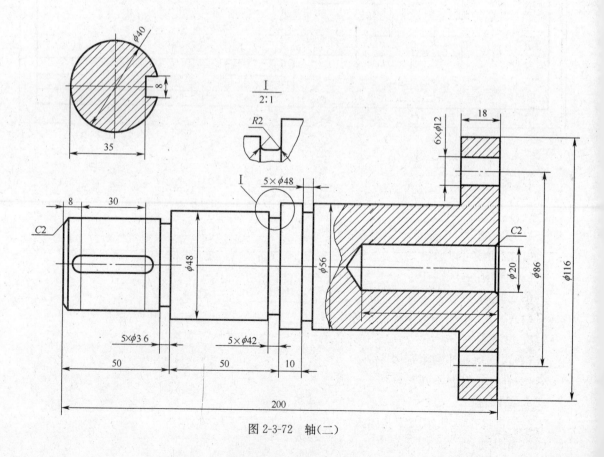

图 2-3-72　轴(二)

任务四　计算机绘图更高效——盘类零件的绘制

任务背景

盘类零件也是机器上常用零件,本实例零件为某机床上的一个法兰盘,通过绘制法兰盘,掌握盘类零件的绘制方法。

任务设置

绘制图 2-4-1 所示法兰盘零件图,并按要求进行标注。

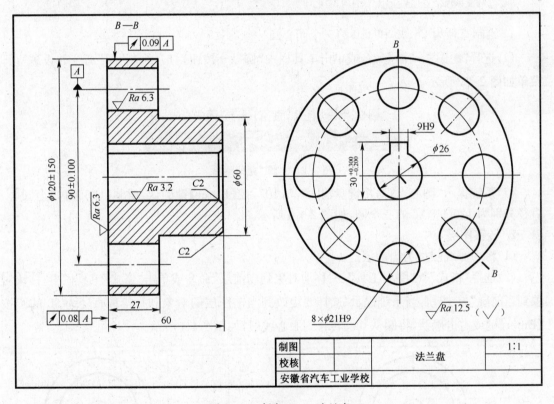

图 2-4-1　任务 3——法兰盘

任务目标

通过本次任务,完成盘类零件的绘制,应掌握以下操作:

◇　图形的阵列(圆形)
◇　圆角过渡
◇　工程标注

任务分析

法兰盘零件工作图共有两个视图组成,左视图左右对称,可使用圆命令及圆周阵列命令进行绘制,然后根据主视图和左视图高平齐,用直线及平行线(或等距线)命令(利用导航)绘制主视图。

操作步骤

(一)绘图环境设置

(1)按系统默认设置分层绘图。

(2)图幅设置。图纸幅面为 A4,比例为 1∶1,方向为横放,调入图框为 A4A−A−Normal (CHS),标题栏为 School(HS)。

(二)绘制法兰盘左视图的同心圆

1. 绘制直径为 26、90 和 120 的三个同心圆

(1)选择"绘图"→"圆"命令或单击工具栏中"圆" ⊙ 按钮,打开绘制"圆"命令并设置立即菜单如图 2-4-2 所示。

图 2-4-2 "圆"立即菜单

(2)系统提示"圆心点:",用键盘输入"55,10",按【Enter】键确认,绘制以"55,10"为圆心,直径分别为 120、90、26 的三个圆,如图 2-4-3 所示。

2. 转移图层

(1)将中心线层设为当前层。

(2)选择"格式"→"图层工具"→"移动对象到当前层"命令或单击"格式"工具栏中"移动对象到当前层" 按钮,当系统提示"选择要更改到当前图层的对象"时,拾取直径为 90 的圆按【Enter】键或右击确认,将圆从 0 层转移到中心线层,如图 2-4-4 所示。

图 2-4-3 绘制同心圆

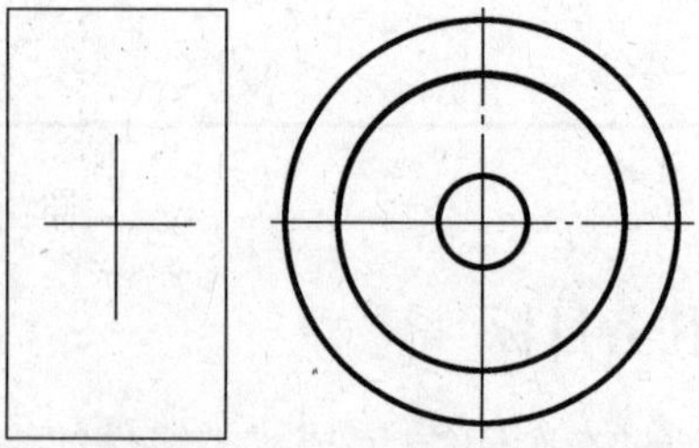

图 2-4-4 对象图层转移

3. 阵列圆

(1)将 0 层设为当前层。

(2)选择"修改"→"阵列"命令或单击工具栏中"阵列" 按钮,打开阵列命令并设置立即菜单如图 2-4-5 所示。

图 2-4-5 "阵列"立即菜单

(3)以直径为 21 的圆为对象,以主视图中心为中心点阵列,得到 8 个圆形均匀分布的圆,结果如图 2-4-6 所示。

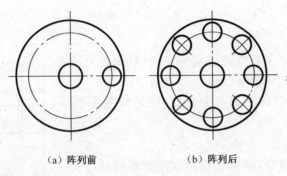

（a）阵列前 （b）阵列后

图 2-4-6 阵列

（三）绘制左视图键槽

(1)绘制左视图水平中心线的平行线(距离 17,上方),垂直中心线的双向平行线(距离为 4.5)。

(2)用"裁剪"功能裁剪图形,得到键槽,如图 2-4-7 所示。

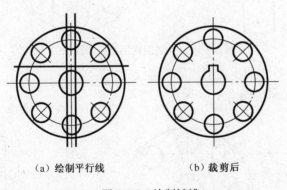

（a）绘制平行线 （b）裁剪后

图 2-4-7 绘制键槽

（四）绘制主视图（剖）

1. 绘制矩形

(1)将屏幕当前模式设置为"导航"模式。

(2)绘制一个长为 60,宽为 120 的矩形(应注意的是矩形中心应同主视图中心在同一水平线上),如图 2-4-8 所示。

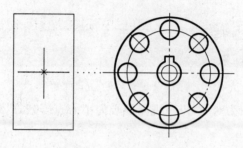

图 2-4-8　绘制矩形

2. 绘制平行线

（1）绘制矩形水平中心线两组双向平行线（距离分别为 13,30），作矩形左边单向平行线（距离为 27）。

（2）裁剪并删除剖视图垂直中心线，结果如图 2-4-9 所示。

3. 绘制孔剖面轮廓

（1）选择"直线"命令，根据主视图和左视图的对应关系绘制孔在主视图上的投影。绘制过程如图 2-4-10 所示。

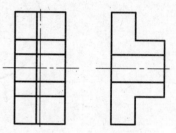

图 2-4-9　绘制剖视图

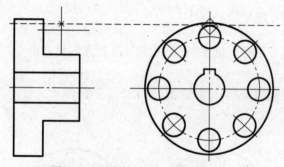

图 2-4-10　绘制剖视后的轮廓线（一）

（2）同理绘制图 2-4-11 所示的剖视后轮廓线。

（3）添加中心线，结果如图 2-4-12 所示。

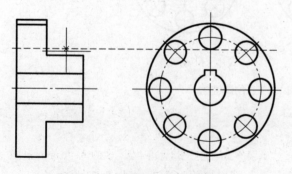

图 2-4-11　绘制剖视后的轮廓线（二）

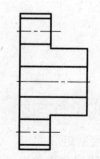

图 2-4-12　添加中心线

● **提示**：要启用导航功能，将光标移动到屏幕右下角，将"智能"改成"导航"或按【F6】键进行屏幕点方式切换。

4. 倒角

(1)选择"修改"→"过渡"命令或单击工具栏中"过渡" ▣ 按钮,打开过渡命令并设置立即菜单如图 2-4-13 所示。

图 2-4-13　"倒角"立即菜单

(2)拾取构成角的两线段,如图 2-4-14(a)所示;结果如图 2-4-14(b)所示。

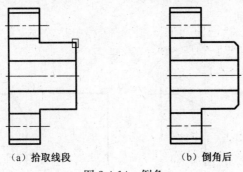

（a）拾取线段　　　　　　　（b）倒角后

图 2-4-14　倒角

知识链接: 倒角

在两直线间进行倒角过渡,直线可被裁剪或向角的方向延伸。

用以下方式可以调用"倒角"功能:

◆单击"修改"主菜单中"过渡"子菜单中的"过渡" ◁ 按钮。

◆单击"常用"选项卡中"过渡"功能子菜单的"过渡" ◁ 按钮。

◆单击"过渡"工具条上的"过渡" ◁ 按钮。

◆执行 chamfer 命令。

①用户可从立即菜单项"2."下拉菜单中选择倒角的方式,从立即菜单项"3."下拉菜单中选择裁剪的方式。

②其中"轴向长度"是指从两直线的交点开始,沿所拾取的第一条直线方向的长度;"角度"是指倒角线与所拾取第一条直线的夹角,其范围是(0,180),其定义如图 2-4-15 所示。由于轴向长度和角度的定义均与第一条直线的拾取有关,所以两条直线拾取的顺序不同,所作出的倒角也不同。

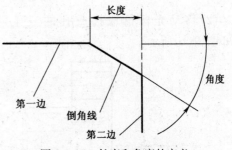

图 2-4-15　长度和角度的定义

③需倒角的两直线已相交(即已有交点),则拾取两直线后,立即作出一个由给定长度、给定角度确定的倒角,如图 2-4-16(a);如果待作倒角过渡的两条直线没有相交(即尚不存在交点),则拾取完两条直线以后,系统会自动计算出交点的位置,并将直线延伸,而后作出倒角,如图 2-4-16(b)。

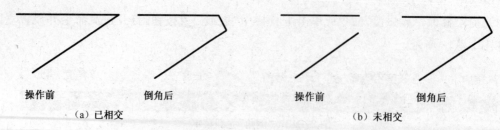

（a）已相交   （b）未相交

图 2-4-16　倒角过渡

④从图 2-4-17 所示关系可以看出，轴向长度均为 3，角度均为 60°的倒角，由于拾取直线的顺序不同，倒角的结果也不同。

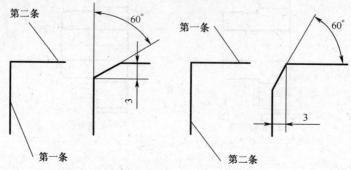

图 2-4-17　直线拾取的顺序与倒角的关系

5. 内倒角

（1）选择"修改"→"过渡"→"内倒角"命令或单击工具栏中"内倒角" 按钮，打开内倒角命令并设置立即菜单如图 2-4-18 所示。

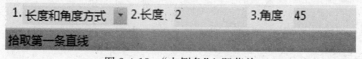

图 2-4-18　"内倒角"立即菜单

（2）移动光标拾取构成孔的三条两两垂直的线段，如图 2-4-19（a）所示，结果如图 2-4-19（b）所示。

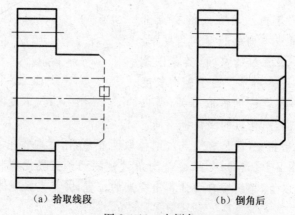

（a）拾取线段   （b）倒角后

图 2-4-19　内倒角

知识链接: 内倒角

拾取一对平行线及其垂线分别作为两条母线和端面线生成内倒角。

用以下方式可以调用"内倒角"功能:

◆单击"修改"主菜单中"过渡"子菜单中的"内倒角"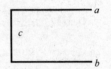按钮。

◆单击"常用"选项卡中"过渡"功能子菜单的"内倒角"按钮。

◆单击"过渡"工具条上的"内倒角"按钮。

◆执行 chamferhole 命令。

①立即菜单中的"2:"和"3:"两项内容表示倒角的轴向长度和倒角的角度,可按照系统提示,从键盘输入新值,改变倒角的长度与角度。

②然后根据系统提示,选择三条相互垂直的直线,这三条相互垂直的直线是指类似于图 2-4-20 所示的三条直线,即直线 a、b 同垂直于 c,并且在 c 的同侧。

③内倒角的结果与三条直线拾取的顺序无关,只决定于三条直线的相互垂直关系。

图 2-4-20　相互垂直的直线

图 2-4-21 所示为内倒角的绘制方法。

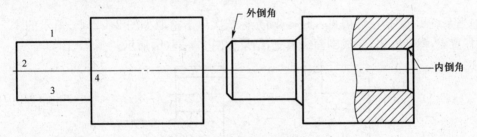

图 2-4-21　内倒角的绘制

6. 绘制键槽剖视图

(1)运用"直线"命令,根据主视图和左视图的对应关系绘制键槽在主视图上的投影,绘制过程如图 2-4-22 所示。

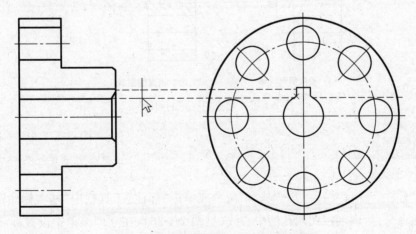

图 2-4-22　绘制键槽在主视图上的投影

（2）画倒角与键槽的截交线（简易画法），如图 2-4-23 所示。

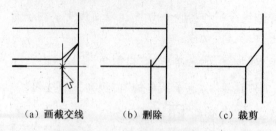

（a）画截交线　　　（b）删除　　　（c）裁剪

图 2-4-23　绘制键槽的投影

（五）填充剖面线

（1）选择"绘图"→"剖面线（H）"命令或单击工具栏中"剖面线" 按钮，打开填充剖面线命令并设置立即菜单如图 2-4-24 所示。

| 1. 拾取点 ▼ | 2. 不选择剖面图案 ▼ | 3.比例：3 | 4.角度　45 | 5.间距错开：0 |

拾取环内一点：

图 2-4-24　"剖面线"立即菜单

（2）当系统提示"拾取环内点："时，移动光标依次单击拾取如图 2-4-25（a）所示的 1、2、3、4 区域内任意点，然后右击，完成剖面线填充，结果如图 2-4-25（b）所示。

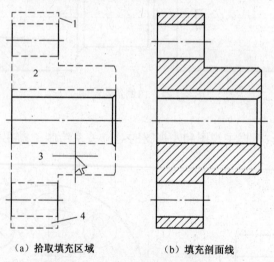

（a）拾取填充区域　　　　（b）填充剖面线

图 2-4-25　填充主视图剖面线

（六）工程标注

1. 标注尺寸及公差

（1）选择"标注"→"尺寸标注"→"基本"命令或单击"标注"工具栏中"基本标注" 按钮，打开基本标注命令，拾取剖视图两孔的中心线（见图 2-4-26），在立即菜单中设置标注参数（见图 2-4-27），移动光标到指定位置右击，弹出"尺寸标注属性设置"对话框，如图 2-4-28 所示。

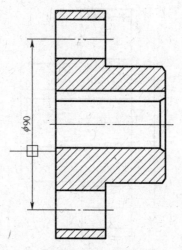

图 2-4-26　标注尺寸

| 1. 基本标注 | ▼ | 2. 文字平行 | ▼ | 3. 直径 | ▼ | 4. 文字居中 | ▼ | 5.前缀　%c | 6.后缀 | 7.基本尺寸　90 |

尺寸线位置:

图 2-4-27　标注参数设置

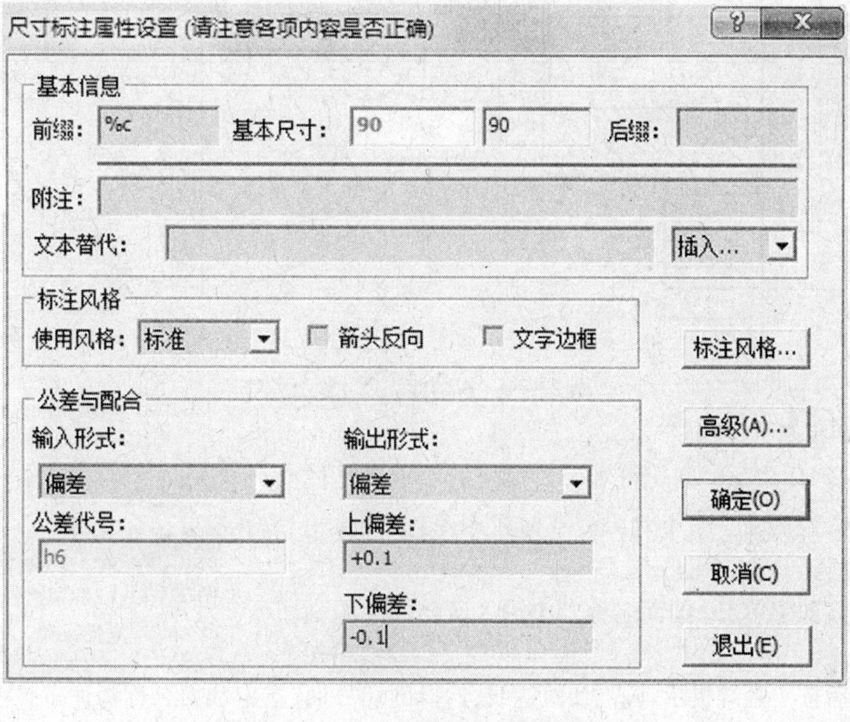

图 2-4-28　"尺寸标注属性设置"对话框

　　(2)在"尺寸标注属性设置"对话框中设置好参数,单击"确定" 确定 按钮,完成尺寸及公差标注,结果如图 2-4-29 所示。

　　(3)运用"基本标注"命令标注其他尺寸及公差,结果如图 2-4-30 所示。

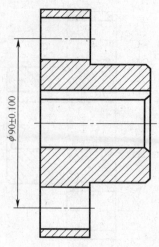

图 2-4-29　标注尺寸及公差

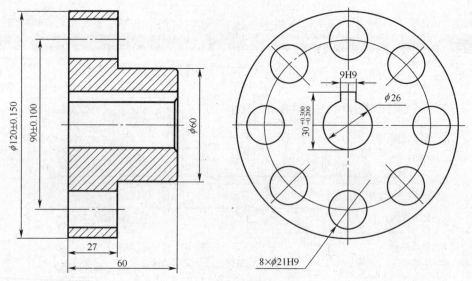

图 2-4-30　视图标注尺寸及公差

2. 剖切视图标注

(1) 选择"标注"→"剖切符号(S)"命令或单击工具栏中"剖切符号" 按钮，打开剖切符号标注命令，如图 2-4-31 所示。

(2) 在立即菜单"1. 剖面名称："中输入所要标注的剖切符号名称(B)。

| 1.视图名称　　Bǀ |
| 画剖切轨迹(画线): |

图 2-4-31　"剖切符号标注"
立即菜单

(3) 然后按照系统提示，画剖切轨迹线、选择剖切方向、指定剖面名称标注点，完成剖视图标注，结果如图 2-4-32 所示。

3. 形位公差标注

(1) 选择"标注"→"形位公差"命令或单击工具栏中"形位公差" 按钮，打开形位公差标注命令并弹出"形位公差"对话框，选择形位公差类别及参数，如图 2-4-33 所示。

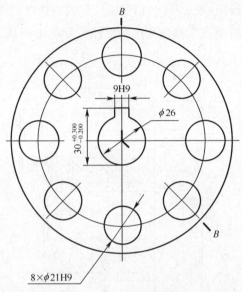

图 2-4-32　剖视图标注

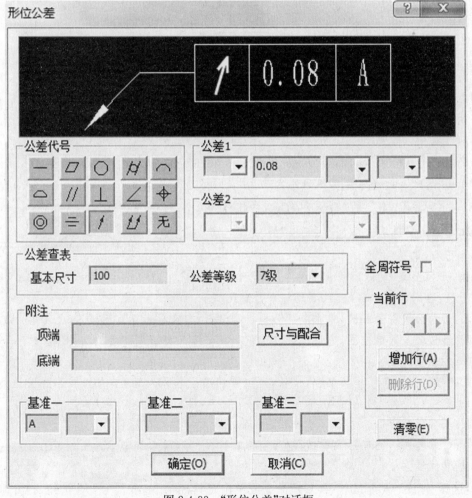

图 2-4-33　"形位公差"对话框

（2）单击"确定" 确定 按钮，系统提示"拾取定位点或直线或圆弧"，拾取需标注的面（剖视图左端面），单击指定"引线转折点"，移动光标到标注位置单击确认，完成形位公差标注，结果如图2-4-34所示。

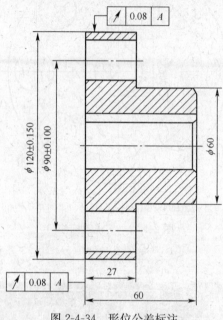

图 2-4-34　形位公差标注

知识链接：形位公差标注

标注几何公差。国家标准（2008年颁布）规定，几何公差包括形状公差、方向公差、位置公差和跳动公差4项内容。

用以下方式可以调用"形位公差"功能：

◆单击"标注"主菜单的"形位公差"🖼 按钮。

◆单击"标注"工具条的"形位公差"🖼 按钮。

◆单击"标注"选项卡中"标注面板"的"形位公差"🖼 按钮。

◆执行 fcs 命令。

调用"形位公差"功能后弹出图 2-4-35 所示的对话框。

预显区：在对话框上部，显示填写与布置结果。

1 区：形位公差符号分区，单击某一公差符号按钮，即在显示图形区填写。

2 区：形位公差数值分区，它包括：公差数值、数值输入框、形状限定、相关原则。

3 区：公差查询。

4 区：附注。单击"尺寸与配合"按钮，可以弹出公差输入对话框，可以在形位公差处增加公差的附注。

5 区：基准代号分区。分三组可分别输入基准代号和选取相应符号。

6 区：行管理区。它包括3项：指示当前行的行号、增加行、删除行。

4. 基准代号标注

（1）选择"标注"→"基准代号（U）"命令或单击工具栏中"基准代号"🔺 按钮，打开基准代

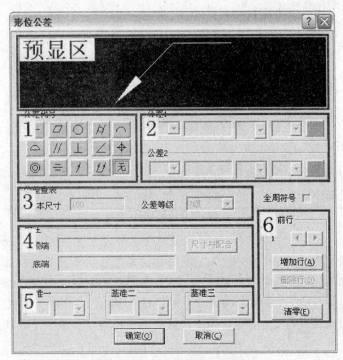

图 2-4-35 "形位公差"对话框

号标注命令并设置立即菜单如图 2-4-36 所示。

图 2-4-36 "基准代号标注"立即菜单

（2）输入基准名称（A）。

（3）系统提示"拾取定位点或直线或圆弧"，拾取基准面，然后移动光标到标注位置单击，完成基准代号标注，如图 2-4-37 所示。

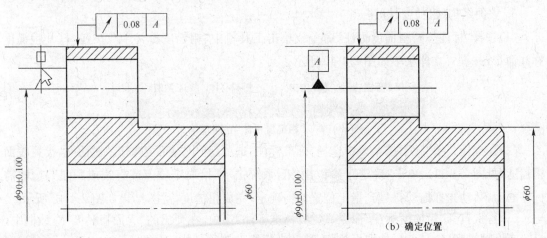

（b）确定位置

图 2-4-37 "基准代号"标注

知识链接:基准代号标注

用于标注形位公差中的基准部位的代号。

有以下方式可以调用"基准代号"功能:

◆单击"标注"主菜单的 Ⓐ 按钮。

◆单击"标注"工具条的 Ⓐ 按钮。

◆单击"标注"选项卡中"标注面板"的 Ⓐ 按钮。

◆执行 datum 命令。

执行基准代号命令后,立即菜单如图 2-4-38 所示。

| 1. 基准标注 ▼ | 2. 给定基准 ▼ | 3. 默认方式 ▼ | 4. 基准名称 A |

图 2-4-38 "基准代号"立即菜单

①单击"1.基线标注"下拉列表框可以选择基准代号的方式:基线标注和基准目标。基线标注状态下可以设置基准的方式和名称,基准目标状态下可以设置目标标注或代号标注。

②确定各项参数后,根据提示拾取定位点、直线或圆弧并确认标注位置即可生成基准代号。如果拾取的是定位点,可用拖动方式或从键盘输入旋转角后,即可完成基准代号的标注;如果拾取的是直线或圆弧,标注出与直线或圆弧相垂直的基准代号。图 2-4-39 所示为基准代号的标注实例。

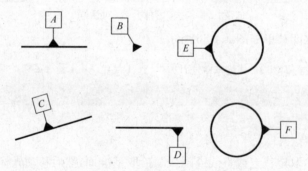

图 2-4-39 基准代号的标注实例

5. 表面结构(粗糙度)标注

(1)选择"标注"→"粗糙度标注"命令或单击工具栏中"粗糙度标注"√ 按钮,打开粗糙度标注命令,并设置立即菜单如图 2-4-40 所示。

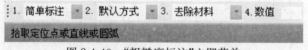

图 2-4-40 "粗糙度标注"立即菜单

(2)在立即菜单"1"下拉菜单中选择"标准标注"选项,弹出"表面粗糙度"对话框,设置表面粗糙度(见图 2-4-41),单击"确定" 确定 按钮,系统提示"拾取定位点或直线或圆弧",拾取需标注的面,移动光标拖动符号到指定位置单击确定,完成粗糙度标注,结果如图 2-4-42 所示。

(3)再次打开"粗糙度标注"命令,选择"标准标注"选项,在弹出的"表面粗糙度"对话框中,设置表面粗糙度($Ra\ 6.3$),拾取标注面,移动光标拖动符号到指定位置后单击"确认"按钮,完成标注,结果如图 2-4-43 所示。

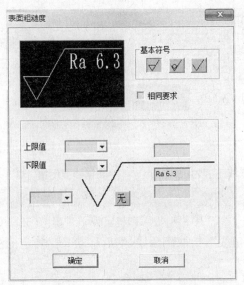

图 2-4-41 "表面粗糙度"对话框

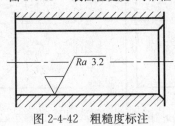

图 2-4-42 粗糙度标注

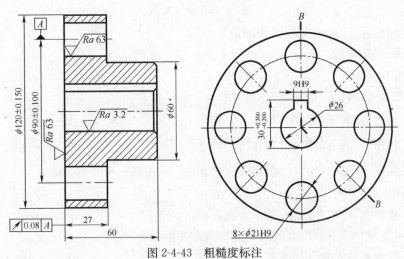

图 2-4-43 粗糙度标注

(4)选择"绘图"→"文字"命令或单击工具栏中"文字" **A**，根据系统提示在屏幕上指定粗糙度标注位置，在弹出的"文本编辑器"对话框中输入内容并设置好格式，如图 2-4-44 所示，然后单击"确定" 确定 按钮，完成文本标注(表面结构)。

6. 倒角标注

(1)选择"标注"→"倒角标注"命令或单击工具栏中"倒角标注"✓ 按钮，打开倒角标注命令并设置立即菜单如图 2-4-45 所示。

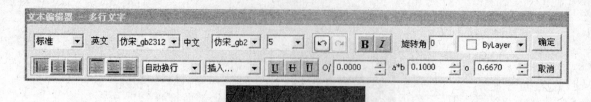

图 2-4-44 "文本编辑器"对话框

图 2-4-45 "倒角标注"立即菜单

（2）系统提示"拾取倒角线"，拾取倒角线，然后移动光标确定标注位置后单击，如图 2-4-46 所示。

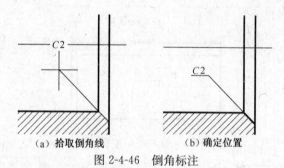

（a）拾取倒角线　　　　　（b）确定位置

图 2-4-46 倒角标注

（3）运用倒角标注，标出左视图外倒角。

知识链接：倒角标注

标注倒角尺寸。

用以下方式可以调用"倒角标注"功能：

◆单击"标注"主菜单的"倒角标注" 按钮。

◆单击"标注"工具条的"倒角标注" 按钮。

◆单击"标注"选项卡中标注面板的"倒角标注" 按钮。

◆执行 dimch 命令。

调用"倒角标注"功能后，立即菜单如图 2-4-45 所示。

单击立即菜单"1."下拉列表框可以选择倒角线的轴线方式：

"轴线方向为 x 轴方向"：轴线与 x 轴平行。

"轴线方向为 y 轴方向"：轴线与 y 轴平行。

"拾取轴线"：自定义轴线。

用户拾取一段倒角后，立即菜单中显示出该直线的标注值，可以编辑标注值。然后再指定尺寸线位置即可；当倒角角度为 45°时，可以单击立即菜单"2."可以选择倒角标注的方式为简化倒角，例如 C1 代表 1×45°的倒角。

图 2-4-47 所示为倒角标注示例。

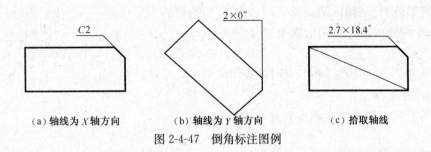

(a) 轴线为 X 轴方向　　(b) 轴线为 Y 轴方向　　(c) 拾取轴线

图 2-4-47　倒角标注图例

（七）填写标题栏并保存文件

（1）填写标题栏

（2）选择"视图"→"显示全部（A）命令或单击"常用"工具栏中"显示全部" 🔍 按钮，所绘制的法兰盘零件工程图全部显示在屏幕上，单击"标准"工具栏中"保存" 💾 按钮，保存文件，结果如图 2-4-48 所示。

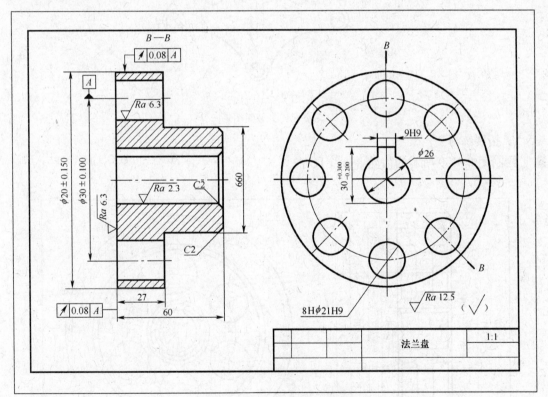

图 2-4-48　法兰盘零件工程图

思考与练习

1. 填空题

（1）阵列的方法有_____和_____两种。

(2)"圆形阵列"是指以某点为_____,对所拾取的图形在_____上进行阵列。

(3)一个完整的标注风格由四个部分组成:_____、_____、_____和_____。

2. 思考题

"圆形阵列"中的"旋转"和"不旋转"有何区别?

3. 绘图题

绘制图 2-4-49 所示的手柄并标注尺寸。

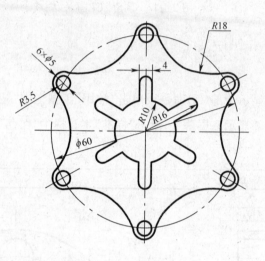

图 2-4-49　平面图形

4. 拓展练习

绘制图 2-4-50 所示的齿轮并标注尺寸。

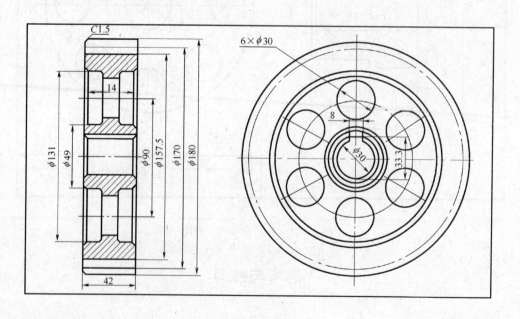

图 2-4-50　齿轮

任务五　计算机绘图更方便——三视图的绘制

任务背景

三视图是基于三面投影体系理论,用来表达实体结构形状在平面上的反映。CAXA 电子图板为我们绘制三视图提供了三个视图之间强大的导航功能,通过三视图的导航功能可以绘制出实体的二维平面图形。中职学生在学习机械制图这门专业后,学会分析零件构造,能用三视图表达零件复杂的三维结构。

任务设置

抄画图 2-5-1 所示组合体的三视图并标注尺寸。

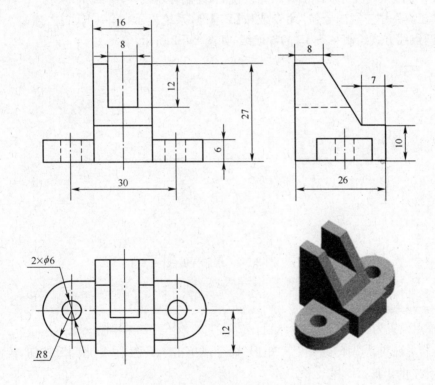

图 2-5-1　任务五——组合体三视图

任务目标

通过本次任务,完成组合体三视图的绘制,应掌握以下操作:

◇　熟悉各种绘图工具

◇　熟悉三视图的绘图过程

◇　掌握 CAXA 电子图板 2011 绘制三视图的导航功能

◇　了解各种工具的使用技巧

任务分析

该零件是个组合体,可分为左、右耳板和中间楔体三个部分,应分块绘制。三视图的绘制原则是"长对正,宽相等,高平齐",要确保图形及位置的准确性。先绘制主视图,再绘制俯视图,最后运用电子图板的三视图导航功能绘制左视图并标注尺寸。

操作步骤

(一)绘制环境设置

1. 新建文件

打开 CAXA 电子图板,并新建一个名称为"任务五——组合体三视图"的文件。

2. 按系统默认设置分层绘图并布局三视图,绘制导航线

选择"工具"→"三视图导航"命令或按【F7】键,系统提示"第一点(右击恢复上一次导航线:)",用两点线方式绘制一条 45°的导航线,如图 2-5-2 所示。

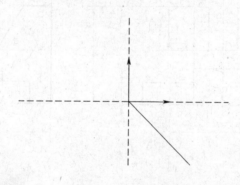

图 2-5-2　绘制导航线

(二)绘制楔体外轮廓

将屏幕点设置为"导航"状态后,绘制楔体轮廓。

(1)绘制主视图。选择"绘图"→"矩形"命令或单击工具栏中"矩形" ▭ 按钮,绘制一个长为 16,宽为 27 的矩形。

(2)绘制俯视图。用矩形命令绘制一个长为 16,宽为 26 的矩形(注意:俯视图中心线同主视图中心线在同一垂线上),如图 2-5-3 所示。

(3)绘制左视图。打开"矩形"命令(两角点式),在左视图区移动鼠标,看见两条交汇的导航线,一条经过"主视图"上的特征点,另一条经"黄色的 45°导航斜线"折射,过俯视图上的特征点单击,可确定"导航点"坐标(矩形左下角点),如图 2-5-4 所示。

当系统提示"另一角点:"时,向右上方移动鼠标,使左视图与主视图"高平齐"、左视图与俯视图实现"宽相等"。单击鼠标,完成另一角点的输入,结果如图 2-5-5 所示。

(4)打开"等距线"命令,作左、右边及底边等距线并用直线连接(如图 2-5-6(a)所示),裁剪图形,完成楔体左视图外轮廓绘制,结果如图 2-5-6(b)所示。

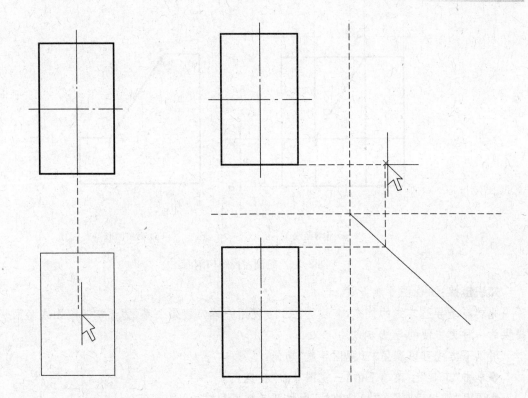

图 2-5-3　绘制楔体俯视图　　　　　　　　图 2-5-4　确定左视图起点

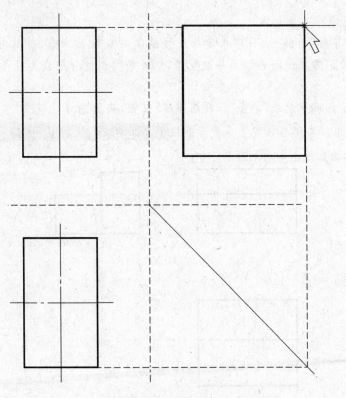

图 2-5-5　确定左视图另一角点

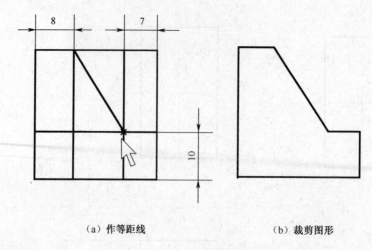

（a）作等距线　　　　　（b）裁剪图形

图 2-5-6　绘制左视图切割面

知识链接：三视图导航

此功能是导航方式的扩充，其目的在于方便用户确定投影关系，为绘制三视图或多面视图提供的一种更方便的导航方式。

用以下方式可以调用"三视图导航"功能：

◆单击"工具"主菜单下的"三视图导航"按钮。

◆调用"捕捉设置"在"极轴导航"中打开三视图导航。

◆按【F7】键。

◆使用 guide 命令。

调用"三视图导航"功能后，分别指定导航线的第一点和第二点，屏幕上画出一条 45°或135°的黄色导航线。如果此时系统为导航状态，则系统将以此导航线为视图转换线进行三视图导航。

如果系统当前已有导航线，单击"三视图导航"按钮，将删除原导航线，然后提示再次指定新的导航线，也可以按右键将恢复上一次导航线第一点<右键恢复上一次导航线>。

图 2-5-7 所示为三视图导航应用的示例。

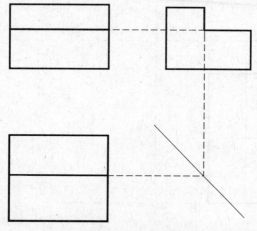

图 2-5-7　三视图导航示例

（三）绘制耳板

1. 绘制俯视图

（1）将中心线层设为当前层。

（2）选择"平行线"命令，绘制俯视图垂直中心线的平行线（距离 15）。

（3）将 0 层设为当前层。

（4）以水平中心线与等距线交点为圆心，绘制直径为 6 和半径为 8 的两个同心圆。

（5）过圆上、下象限点作矩形左边的垂线，并以此为边界裁剪圆，结果如图 2-5-8 所示。

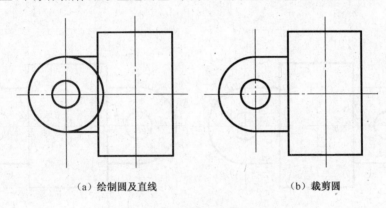

（a）绘制圆及直线　　　　　　（b）裁剪圆

图 2-5-8　绘制左边耳板俯视图

（6）选择"镜像"命令，以垂直中心线为轴线，镜像右耳板，如图 2-5-9 所示。

2. 绘制主视图

（1）选择"直线"命令，以主视图矩形左下角点为直线起点，当系统提示"第二点（切点，垂足点）"时，水平向左移动鼠标，使主视图与俯视图"长对正"，如图 2-5-10 所示。单击输入直线第二点坐标，垂直向上移动鼠标，绘制长度为 6 的直线（可用相对坐标或动态输入方式），然后作矩形垂线，完成主视图左耳板轮廓绘制。

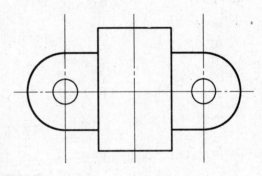

图 2-5-9　镜像左耳板

（2）选择"镜像"命令，以垂直中心线为轴线，镜像右耳板，如图 2-5-11 所示。

3. 绘制左视图

选择"直线"命令，当系统提示"第一点（切点，垂足点）"时，在屏幕上移动鼠标，使导航线分别过"主视图"中最下端特征点及过"俯视图"中最上端（耳板）的特征点（见图 2-5-12），单击完成第一点输入；保持垂直导航线不动，向上移动鼠标，使主视图与左视图"高平齐"，单击完成第二点输入；向右水平移动鼠标，过"俯视图"中最下端（耳板）的特征点（见图 2-5-12），使俯视图与左视图"宽相等"，单击完成第三点输入；最后作底边垂线（第四点），完成左视图绘制。

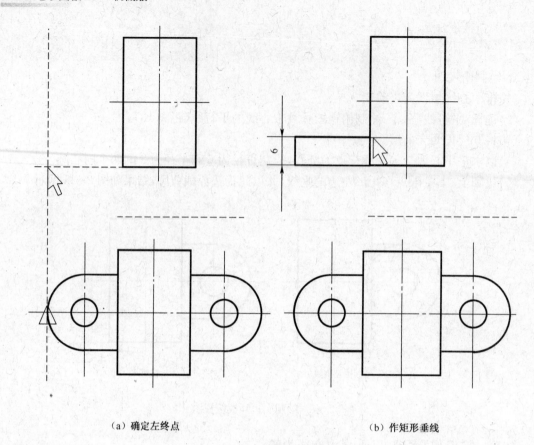

（a）确定左终点 （b）作矩形垂线

图 2-5-10 绘制左耳板

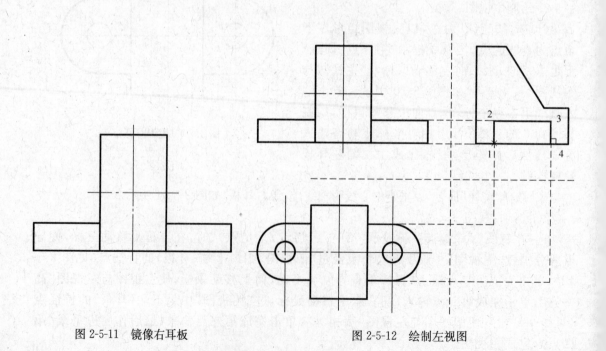

图 2-5-11 镜像右耳板 图 2-5-12 绘制左视图

（四）绘制切割体轮廓

1. 绘制主视图

（1）选择"绘图"→"平行线"命令或单击工具栏中"平行线" ⫽ 按钮，打开平行线绘制功能。

（2）绘制以主视图垂直中心线的双向平行线（距离为4），向下绘制主视图上边的单向平行线（距离为12），向上绘制作主视图下边的单向平行线（距离为10），如图2-5-13(a)）所示。

（3）裁剪图形，结果如图2-5-13(b)所示。

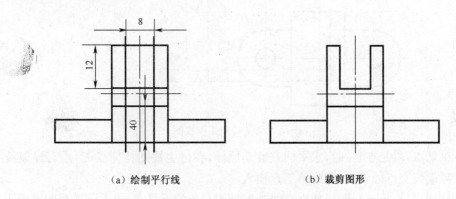

（a）绘制平行线   （b）裁剪图形

图 2-5-13　绘制切割体主视图

2. 绘制左视图

（1）将虚线层设为当前图层。

（2）选择"绘图"→"直线"命令或单击工具栏中"直线" ╱ 按钮，打直线绘制功能。

（3）过主视图特征点绘制左视图切割体不可见轮廓，如图2-5-14所示。

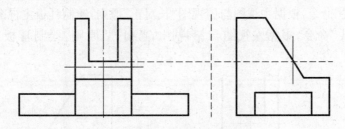

图 2-5-14　绘制切割体左视图

3. 绘制俯视图

（1）将0层设为当前图层。

（2）选择"绘图"→"直线"命令或单击工具栏中"直线" ╱ 按钮，打开直线绘制命令，绘过左视图特征点绘制主视图楔体台阶与斜面的截交线，如图2-5-15所示。

（3）重复直线命令，当系统提示：

"第一点（切点，垂足点）："时，在过主视图特征点垂直导航线与主视图上边交点外单击，完成第一点输入。

"第二点（切点，垂足点）："时，向下移动鼠标，在过主视图特征点（1）垂直导航线与左视图特征点导航线交点处单击，完成第二点输入。

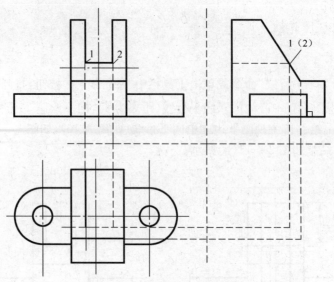

图 2-5-15　绘制切割体俯视图

"第二点（切点，垂足点）："时，水平向右移动鼠标，在过主视图特征点（2）垂直导航线与左视图特征点导航线交点处单击，完成第三点输入。

"第二点（切点，垂足点）："时，捕捉直线与俯视图与边的垂足点，单击完成第四点输入。右击，退出直线绘制，如图 2-5-15 所示。

（4）裁剪凹槽缺口，完成俯视图切割体轮廓绘制。

补画不可见轮廓并整理图形。

4. 绘制主视图及左视图耳板圆孔

（1）将虚线层设为当前层。

（2）选择"直线"命令，根据主视图与俯视图"长对正"原则，绘制耳板主视图圆孔。

（3）选择"直线"命令，根据左视图与俯视图"宽相等"原则，绘制耳板左视图圆孔，如图 2-5-16 所示。

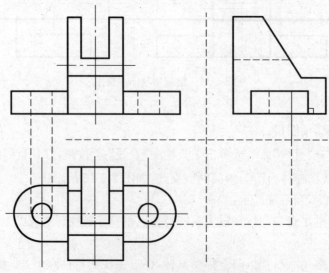

图 2-5-16　绘制圆孔轮廓

5. 整理图形

(1)删除多余线段。

(2)添加并整理中心线,结果如图 2-5-17 所示。

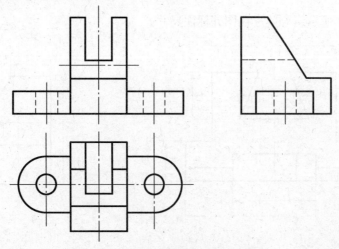

图 2-5-17　绘制的完成的组合体三视图

(五)标注尺寸

1. 标注尺寸

选择"标注"→"尺寸标注"→"基本"命令或单击工具栏中"基本标注"按钮,打开尺寸基本标注命令。按要求标注视图基本尺寸,结果如图 2-5-18 所示。

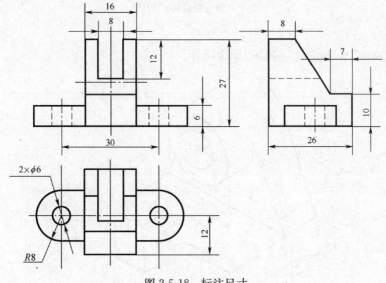

图 2-5-18　标注尺寸

2. 保存文件

选择"视图"→"显示全部(A)"命令或单击"常用"工具栏中"显示全部"按钮,所绘制的组合体图形全部显示在屏幕上,单击工具栏中"保存"按钮,保存文件。

思考与练习

1. 绘图题

抄画图 2-5-19 所示组合体三视图并标注尺寸。

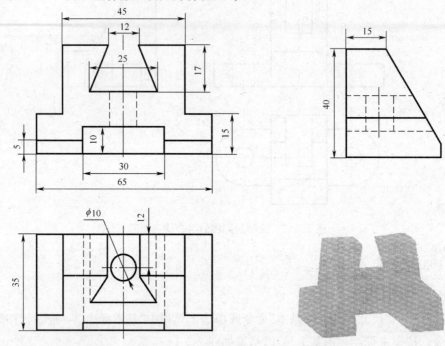

图 2-5-19　组合体三视图

2. 拓展练习

绘制图 2-5-20 所示组合体三视图，标注尺寸。

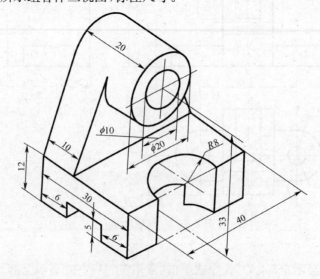

图 2-5-20　组合体轴测图

任务六　计算机绘图更简单——装配图的绘制

任务背景

联轴器是连接两轴或轴与回转件、在传递动力与运动过程中一同回转而不脱开的一种装置。联轴器必须待机器停车后，经过拆卸才能使曲轴结合或分离，在传动过程中不改变转向和转矩大小。本实例所绘制联轴器为炼钢车间内使用的减速器与托辊之间的制动机构。

任务设置

绘制图 2-6-1 所示联轴器装配图并标注尺寸。

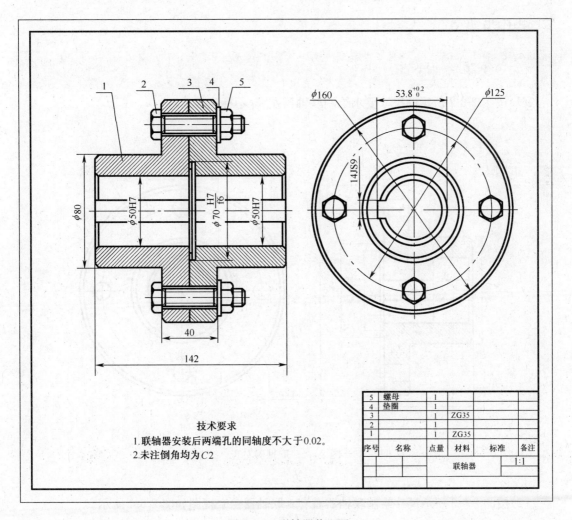

5	螺母	1			
4	垫圈	1			
3		1	ZG35		
2		1			
1		1	ZG35		
序号	名称	点量	材料	标准	备注
	联轴器			1:1	

技术要求

1. 联轴器安装后两端孔的同轴度不大于0.02。
2. 未注倒角均为 $C2$

图 2-6-1　联轴器装配图

任务目标

通过本次任务,完成联轴器装配图的绘制,应掌握以下操作:

✧ 块的操作
✧ 图符入库及调用方法
✧ 图形插入时的定位和插入后消隐处理方法
✧ 简单的标注尺寸和插入明细表

任务分析

联轴器装配图的绘制是比较典型的装配图的实例,在本例中主要是利用调入图符的方式来完成装配图的绘制。本实例的制作思路:首先通过绘制完成的零件图修改后定义成装配图所用图符,然后分别从图库中调用零件图的图符选择合适的位置插入装配图中,再进行尺寸和引出序号的绘制,最后添加标题栏和明细栏。

操作步骤

(一)绘制联轴器

(1)按图 2-6-2 所示的尺寸要求绘制联轴器左套(不标注尺寸)。

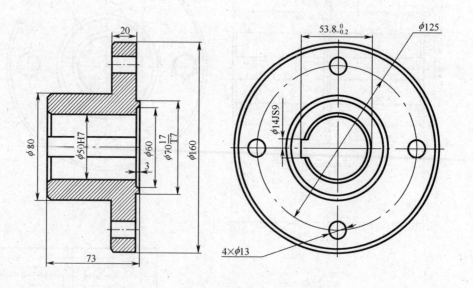

图 2-6-2   联轴器左套

(2)按图 2-6-3 所示尺寸绘制联轴器右套。联轴器三个视图如图 2-6-4 所示。

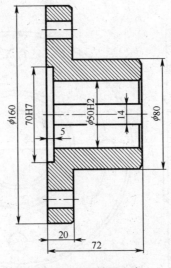

图 2-6-3　联轴器右套

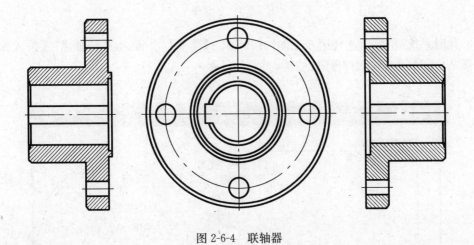

图 2-6-4　联轴器

（二）定义图符

1. 定义联轴器左套为图符

（1）选择"绘图"→"图库"→"定义图符（D）"命令或单击工具栏中"定义图符"按钮，打开定义图符命令。

（2）当系统提示"请选择第 1 视图"时，拾取联轴器左套主视图，按【Enter】键或右击确认。

（3）系统提示"请单击或输入视图的基点："，拾取联轴器左套主视图 A 点为基点，如图 2-6-5（a）所示，按【Enter】键或右击确认。

（4）此时系统提示"请选择第 2 视图"，拾取联轴器左套左视图，按【Enter】键或右击确认。

提示：一个图符可放置 1～6 个视图。

（5）系统提示"请单击或输入视图的基点："，拾取联轴器左套左视图 A 点为基点，如图 2-6-5（b）所示，按【Enter】键或右击确认。

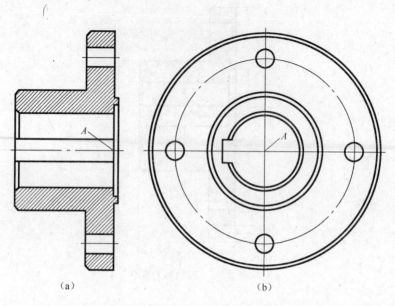

(a)   (b)

图 2-6-5   基准点

(6)此时系统提示"请选择第 3 视图",按【Enter】键或右击确认,系统弹出"图符入库"对话框,如图 2-6-6 所示,选择图符存放位置、类别及名称。

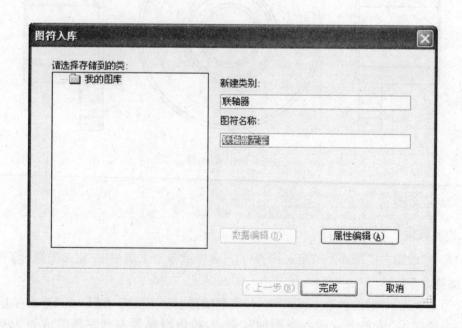

图 2-6-6   "图符入库"对话框

(7)单击"属性编辑"按钮,弹出"属性编辑"对话框,如图 2-6-7 所示,填写图符属性,然后单击"确定" 确定 按钮,将新建图符加入到图库中。

提示:CAXA 电子图板缺省提供了十个属性,用户可增加或删除属性,将光标定位在任一行,按【Insert】键,则在此行前增加一行,按【Delete】键,则删除本行。

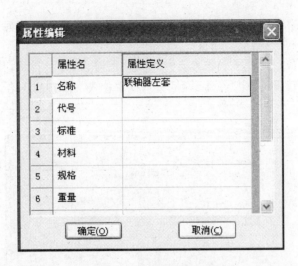

图 2-6-7 "属性编辑"对话框

2. 定义联轴器右套为图符

操作方法同上(基准点选左视图左端中心),将联轴器右套同左套放在图库同一位置,图符名称"联轴器右套"。

知识链接: 定义图符

图符的定义实际上就是用户根据实际需要,建立自己的图库的过程。不同场合、不同技术背景的下可能需要用到一些电子图板没有提供的图形或符号,可以使用定义图符命令定义常用的图符,对已有的图库进行扩充。

用以下方式可以调用"定义图符"功能:

◆单击"绘图"主菜单下的"图库"子菜单的"定义图符" 按钮。

◆单击"图库"工具条中的"定义图符" 按钮。

◆单击"常用"选项卡中"基本绘图面板"的"定义图符" 按钮。

◆执行 symdef 命令。

图符分为固定图符和参数化图符,其定义方法有所区别。

固定图符的定义:创建无参数的固定图符。一些常用的图形不需要进行参数驱动的图形可以作为固定图符创建到图库中,可以方便调用。

定义图符前应首先在绘图区内绘制出所要定义的图形。图形应尽量按照实际的尺寸比例准确绘制。根据需要选择是否标注尺寸。

①图形绘制完成后调用"定义图符"功能,根据系统提示,拾取第一视图的所有元素(可用单个拾取,也可用窗口拾取),拾取完后右击确认。

②根据提示指定视图的基点,可用鼠标左键指定,也可用键盘直接输入(基点是图符提取时的定位基准点,因此最好将基准点选在视图的关键点或特殊位置点,例如中心点、圆心、端点等)。

③如果拾取的对象中包含尺寸会提示"请为该视图的各个尺寸指定一个变量名",因为定制的是固定图符,所以此时直接右击会提示"还有尚未命名的尺寸,确实要直接进入下一步",

单击"是"按钮取消命名尺寸进入下一步。

④第一视图的所有元素和基准点指定完后,根据系统提示可以指定第二至六视图的元素和基准点,方法与第一视图相同。

⑤确定最后一个视图的元素和基准点后,弹出"图符入库"对话框,如图 2-6-8 所示。在左边选择要创建类别的位置,并在"新建类别"文本框中输入一个新的类名,在"图符名称"文本框输入此图符的名称。

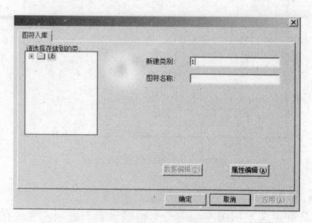

图 2-6-8　图符入库对话框

单击"属性编辑"按钮,弹出图 2-6-9 所示"属性编辑"对话框。

	属性名	属性定义
1	名称	
2	代号	
3	标准	
4	材料	
5	规格	
6	重量	
7	体积	

图 2-6-9　图符"属性编辑"对话框

电子图板默认提供了十个属性。用户可以增加新的属性,也可以删除默认属性或其他已有的属性。当输入焦点在表格中时,如果按下【F2】键则当前单元格进入编辑状态且插入符被定位在单元格内文本的最后。要增加新属性时,直接在表格最后左端选择区双击即可。将光标定位在任一行,按【Insert(或 Ins)】键则在该行前面插入一个空行,以供在此位置增加新属性。要删除一行属性时,单击该行左端的选择区以选中该行,再按【Delete】键。

⑥所有项都填好以后,单击"确定" 确定 按钮,可把新建的图符加到图库中。此时,固定

图符的定义操作全部完成,用户再次提取图符时,可以看到新建的图符已出现在相应的类中。

参数化图符定义:创建带有参数,并可进行尺寸驱动的图符。将图符定义成参数化图符,提取时可以对图符的尺寸加以控制,因此它比固定图符的使用更加灵活,应用面也更广。但是,定义参数化图符比定义固定图符的操作要复杂。

定义图符前应首先在绘图区内绘制出所要定义的图形。图形应尽量按照实际的尺寸比例准确绘制,并进行必要的尺寸标注。

操作步骤:选择"视图"→"元素定义"→"变量属性定义"→"图符入库"命令。参数公图符定义比较复杂,对绘图、尺寸标注等有一定的要求,因此在这里不详细介绍,具体可参见"帮助"→"图库"→"定义参数化图符"命令。

(三)提取图符,绘制联轴器装配图

1. 新建文件

新建文件,并设置图幅(图幅 A3,绘图比例 1∶1,横放,调入图框和标题栏)。

2. 提取联轴器左套

(1)选择"绘图"→"图库"→"提取图符(G)"命令或单击工具栏中"提取图符"按钮,弹出"提取图符"对话框,如图 2-6-10 所示。

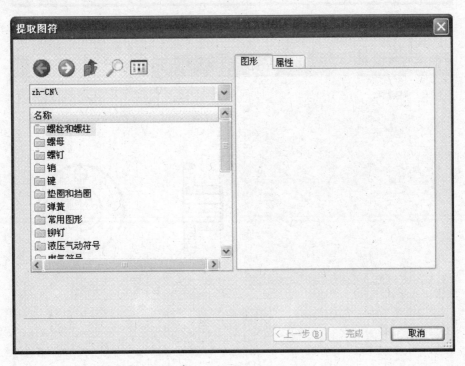

图 2-6-10 "提取图符"对话框

(2)在位置下拉列表框中选择"我的图库",在"名称"列表框中选择"联轴器左套"选项,如图 2-6-11 所示。

(3)单击"下一步" 下一步(N)> 按钮,弹出"图符预处理"对话框,如图 2-6-12 所示。

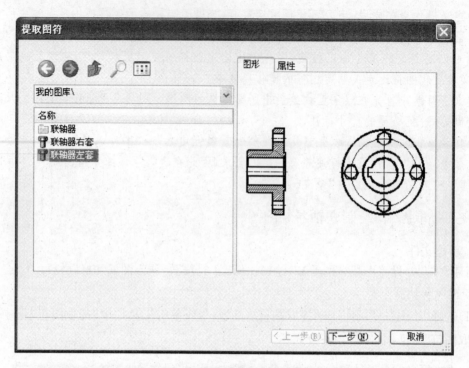

图 2-6-11　选择图符

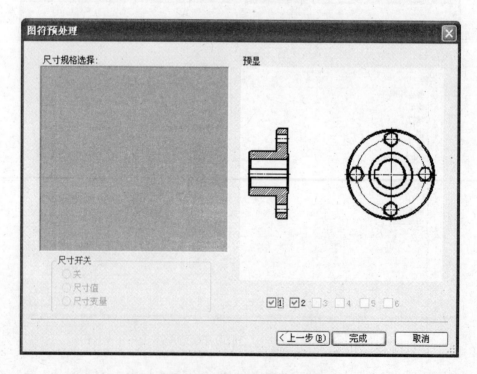

图 2-6-12　"图符预处理"对话框

（4）单击"完成" 完成 按钮，系统提示"图符定位点："，同时主视图图符跟随光标移动，在图框左侧拾取位置（见图 2-6-13），此时系统提示"旋转角"，按【Enter】键或右击确认，完成联轴器左套主视图的调入及定位。

提示：若调入的图形需旋转，可用键盘输入旋转角度。

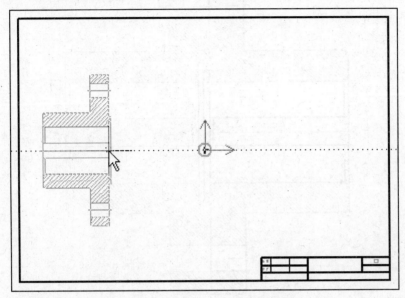

图 2-6-13 确定主视定位点

（5）系统提示"图符定位点："，同时左视图图符跟随光标移动，在图框右侧拾取位置（同主视图中心对齐），如图 2-6-14 所示。此时系统提示"旋转角"，按【Enter】键或右击确认，完成联轴器左套左视图的调入及定位。

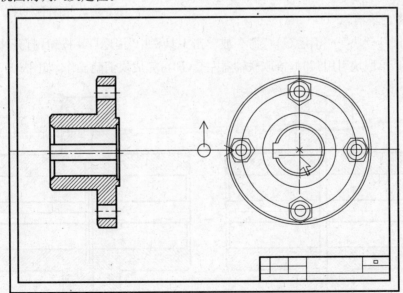

图 2-6-14 确定左视图定位点

3. 提取联轴器右套

具体操作方法同调入左套一样，需要注意的是，右套同左套要按装配要求定位（两图符定位点重合），如图 2-6-15 所示。

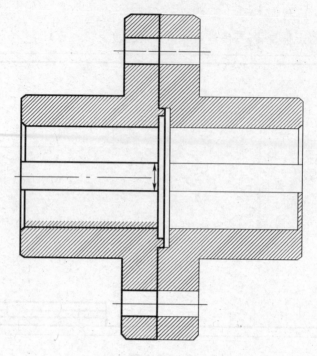

图 2-6-15 联轴器右套图符定位点

提示：在图符定位前，系统提供了可对提取的图符进行预处理，如图 2-6-16 所示。可对提取的图符进行"打散或不打散"、"消隐或不消隐"及缩放处理。

图 2-6-16 图符预处理立即菜单

4. 联轴器的块消隐

选择"绘图"→"块"→"消隐（H）"命令或单击工具栏中"消隐" 按钮，打开块消隐命令。当系统提示"请拾取块引用："时，拾取联轴器左套，即可完成块消隐操作，如图 2-6-17 所示。

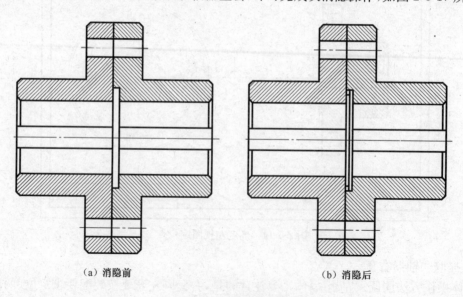

（a）消隐前 　　　　　　　　　　　　　　　（b）消隐后

图 2-6-17 联轴器消隐效果

知识链接：块消隐

让块能遮挡住层叠顺序在其后方的对象。

用以下方式执行"块消隐"功能：

◆单击"绘图"主菜单中"块"子菜单中的"消隐" 按钮。

◆单击"常用"选项卡中"基本绘图面板"内"创建块"功能按钮下拉菜单下的"消隐" 按钮。

◆执行 hide 命令。

利用具有封闭外轮廓的块图形作为前景图形区，自动擦除该区内其他图形，实现二维消隐，对已消隐的区域也可以取消消隐，被自动擦除的图形又被恢复，显示在屏幕上。

块生成以后，可以通过特性选项板修改块是否消隐，图 2-6-18 所示为块消隐的实例。图中螺栓和螺母分别被定义成两个块，当它们配合到一起时必然会产生块消隐的问题。图 2-6-18(a)中选取螺母为前景实体，螺栓中与其重叠的部分被消隐。当选取螺栓时，螺栓变为前景实体，螺母的相应部分被消隐，如图 2-6-18(b)所示。

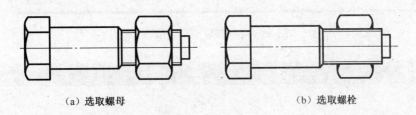

(a) 选取螺母　　　　　　　　　　　(b) 选取螺栓

图 2-6-18　块消隐操作

在图 2-6-19(a)所示的两个矩形被定义成两个块，它们相互重叠地放在一起，当选择左上方的 1 块为前景实体，则右下方的 2 块的相应部分被消隐，如图 2-6-19(b)所示。选择"不消隐"方式，当再次选取 1 块时，2 块中原来被消隐的部分又恢复过来，如图 2-6-19(c)所示。

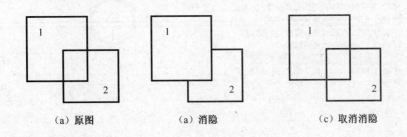

(a) 原图　　　　　　　　　(a) 消隐　　　　　　　　　(c) 取消消隐

图 2-6-19　消隐与取消消隐操作

5. 螺栓的调入与定位

(1)选择"绘图"→"图库"→"提取图符(G)"命令或单击工具栏中"提取图符" 按钮，弹出"提取图符"对话框，如图 2-6-20 所示。

(2)在"名称"下拉列表框中选择"螺栓与螺柱"→"六角头螺栓"→"GB/T 5783—2000 六角头螺栓-全螺纹"选项，如图 2-6-21 所示。

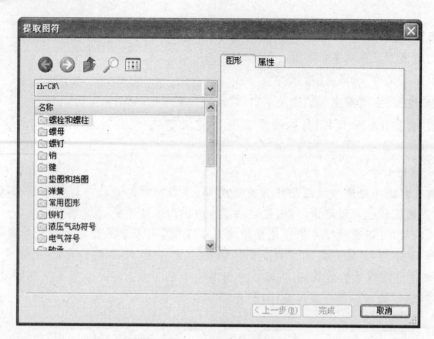

图 2-6-20 "提取图符"对话框

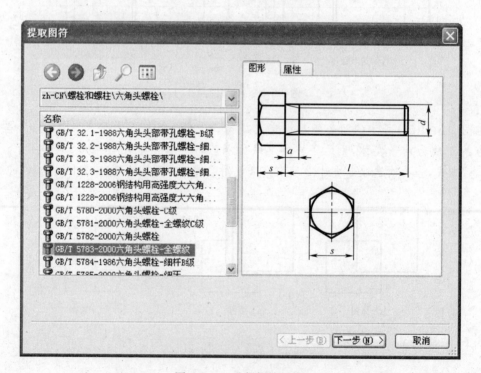

图 2-6-21 选择螺栓规格

(3)单击"下一步"下一步(N)>按钮,弹出"图符预处理"对话框,如图 2-6-22 所示。

(4)在"尺寸规格选择:"下拉列表框中选择规格为 M12,单击"1*?"栏下尺寸值,从其下拉列表中选择长度为"60",如图 2-6-23 所示。

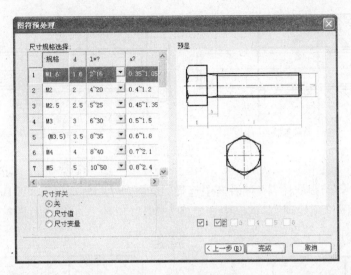

图 2-6-22 尺寸规格选择

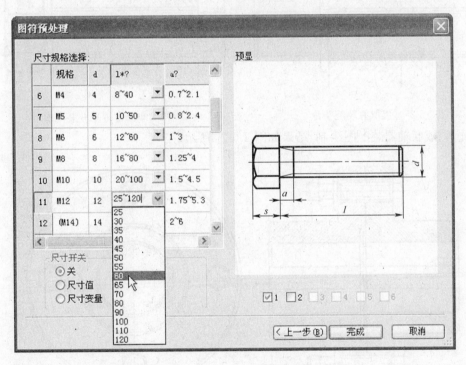

图 2-6-23 尺寸规格设置

(5)单击"完成" 完成 按钮,系统提示"图符定位点:",同时主视图图符跟随光标移动,拾取联轴器左套主视图安装孔左边中心,如图 2-6-24(a)所示,此时系统提示"旋转角",按【Enter】键确认,完成螺栓的调入及定位,结果如图 2-6-24(b)所示。

6. 垫圈的调入与定位

操作方法同上,在"提取图符"对话框中选择"垫圈和挡圈"→"圆形垫圈"→"GB/T 848—2002 小垫圈-A 级";在"图符预处理"对话框中选规格为 16(选中 3 复选框,左视图);图符定位点:联轴器装配孔右端中心,旋转角为−90°。

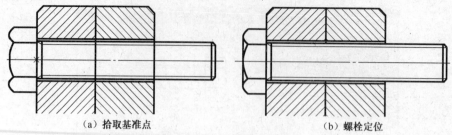

（a）拾取基准点　　　　　　　　　　　　（b）螺栓定位

图 2-6-24　提取并装配螺栓

7. 螺母的调入与定位

操作方法同上，在"提取图符"对话框中选择"螺母"→"六角螺母"→"GB/T 41—2000 六角螺母-C 级"；在"图符预处理"对话框中选规格为 M12（勾选 1，主视图）；图符定位点：垫片右端中心，旋转角为−90°，结果如图 2-6-25 和图 2-6-26 所示。

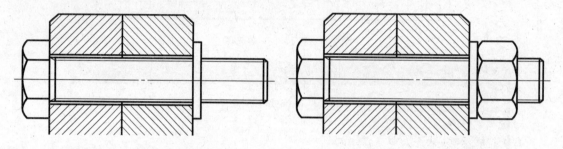

图 2-6-25　提取并装配垫片　　　　　　　　图 2-6-26　提取并装配螺母

至此，完成联轴器装配图绘制，结果如图 2-6-27 所示。

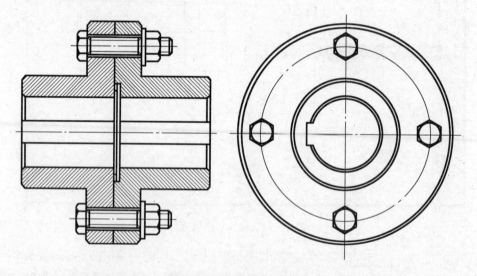

图 2-6-27　联轴器装配图

（四）工程标注

选择"标注"→"尺寸标注"→"基本"命令或单击工具栏中"基本标注"按钮，打开尺寸基本标注命令，按图要求标注尺寸及公差，如图 2-6-28 所示。

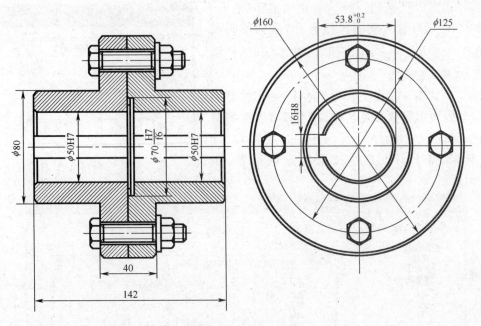

图 2-6-28 尺寸标注

(五)生成明细表

1. 设置明细表格式

(1)选择"格式"→"明细表"命令或单击工具栏中"明细表"⊞ 按钮,弹出"明细表风格设置"对话框,如图 2-6-29 所示。

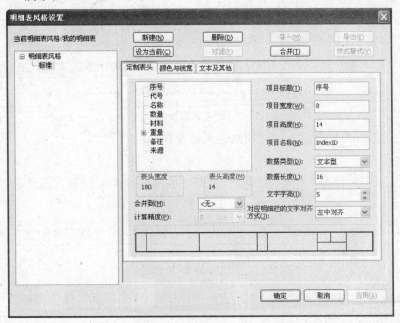

图 2-6-29 "明细表风格设置"对话框

(2)单击"新建"按钮,弹出"新建风格"对话框,如图 2-6-30 所示,输入新的风格名称"联轴器明细表",单击"下一步" 下一步(N)> 按钮,在明细表风格栏添加了"联轴器明细表"。

(3)定制表头。在表头名称上右击,弹出快捷菜单,可设置表头项目数量及名称,并可设置各项的宽度、高度、字高等(宽度:序号 14、名称 44、数量 12、材料 30、标准 22、备注 14,其他按系统默认设置,如图 2-6-31所示)。

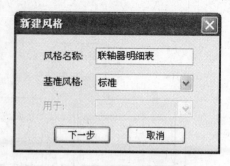

图 2-6-30 "新建风格"对话框

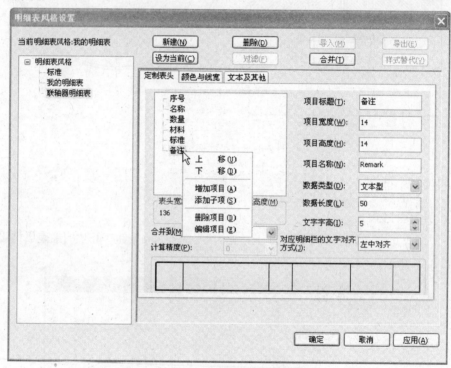

图 2-6-31 "明细表风格设置"对话框

(4)单击"完成" 完成 按钮,完成明细表风格设置。

2. 生成序号

(1)选择"幅面"→"序号"→"生成"命令,打开生成序号命令并设置立即菜单,如图 2-6-32 所示。

图 2-6-32 "生成序号"立即菜单

(2)当系统提示"引出点"时,在联轴器左套上单击确定"引出点",移动光标到合适位置单击(转折点),如图 2-6-33 所示。

(3)按系统提示继续操作,依次标出螺栓、联轴器右套、垫片及螺母的序号,引出点如

图 2-6-33所示,右击,结束序号生成。

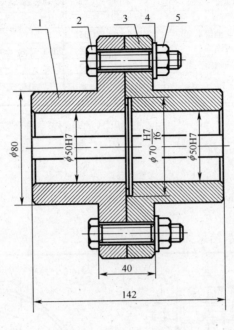

图 2-6-33 引出点位置

3. 填写明细表

(1)选择"幅面"→"明细表"→"填写"命令或单击工具栏中"填写" T 按钮,弹出"填写明细表"对话框。

(2)按要求逐项填写,如图 2-6-34 所示。

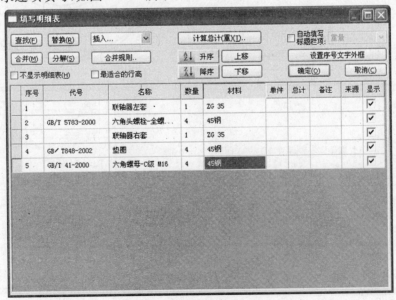

图 2-6-34 明细表内容

（3）单击"完成" 完成 按钮，生成明细表，如图 2-6-35 所示。

5	螺母	4	45 钢	GB/T 41—2000	
4	垫圈	1	45 钢	GB/T 848—2002	
3	联轴器右套	1	ZG35		
2	螺栓	4	45 钢	GB/T 5783—2000	
1	联轴器左套	1	ZG35		
序号	名称	数量	材料	标准	备注

图 2-6-35　生成的明细表

4. 填写标题栏并保存文件

（1）填写标题栏。

（2）标注技术要求（联轴器安装后两端孔的同轴度不大于 0.02）。

（3）保存文件。

至此，装配图全部完成，结果如图 2-6-36 所示。

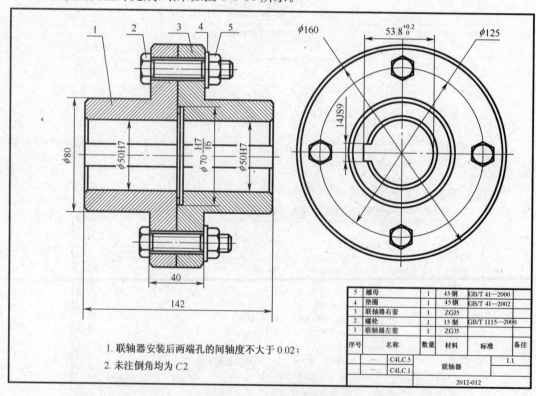

图 2-6-36　联轴器装配图

思考与练习

1. 填空题

（1）块的属性由一系列＿＿＿＿及＿＿＿＿组成，属性表项的内容可由"块属性表"命令认定,它表明了块具有哪些属性,"块属性"命令是为块的属性_____、_____。

(2)图库是由各种_____组成的,它是由一些_____对象组合而成的对象,同时具有参数_____、_____等多种特殊属性的对象。

(3)图形对象的基本特性包括_____、_____、_____、_____。修改块的基本特性时,块内的对象在当前图形中显示的特性可以随块一起_____,也可以保留其_____。

2. 思考题

图库和块在作图中有何作用?

3. 绘图题

绘制图 2-6-37 所示图形,并将其创建为块。

4. 拓展练习

将图 2-6-38 所示图形(圆形垫片)定义为参数化图符,用户在提取时可以对图符的尺寸(外径、内径及厚度)加以控制。

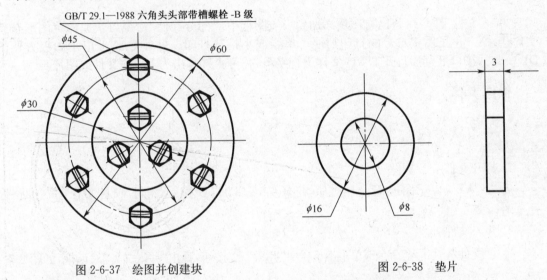

图 2-6-37 绘图并创建块　　　　　　　　图 2-6-38 垫片

提示: 利用"定义图符"命令,在拾取图形时一定要拾取尺寸,然后按提示操作。

任务七　信息交流更通畅——图形输出及转换

任务背景

设计人员现有一份缺少左视图的注油管零件工程图草稿文件和该注油管零件的左视图图块文件,需将左视图加入到草稿中,完成零件工程图,然后将主视图和俯视图分别保存并打印输出。同时设计人员在与其他人员进行数据交换时,发现一部分后缀名为".dwg"的Auto-CAD文件,需要转换编辑,返回时仍需保存为".dwg"文件及图片。

任务设置

(1)将注油管路左视图加入注油管路工程图草稿文件中,并将主视图和俯视存储为新文件,工程草图另存为".dwg"格式文件。

(2)打印注油管路工程图。

(3)用 CAXA 电子图板打开 CAD 文件进行编辑并存储为 CAD 格式和图片文件。

(4)将 CAXA2011 机械版/素材/项目 2/任务 7/CAD 文件中一批 ".dwg" 格式文件转换为 ".exb" 格式文件并存放到我的文档。

(本任务素材见 CAXA2011 机械版/素材/项目 2/任务 7)

任务目标

通过本次任务,完成文件打印及转换,应掌握以下操作:

◇ 并入文件和部分存储

◇ 图形的打印输出

◇ CAXA 图形同 CAD 图形的互转

◇ 将 CAXA 图形保存为图片文件

任务分析

"并入文件"命令可将已有图块添加到当前图纸中,"部分存储"命令可快速保存图形至新文件;CAXA 电子图板自带的打印功能可单张或小批量打印。另外 CAXA 电子图板方便的 DWG 数据接口可直接打开 DWG 文件进行编辑,并可直接输出为 DWG 文件或图片。

操作步骤

(一)并入左视图

1. 打开文件

启动 CAXA 电子图板 2011 机械版,打开 CAXA2011 机械版/素材/项目 2/任务 7 "油路管件草图.exb"文件。

2. 并入文件 1

选择"文件"→"并入"命令或单击工具栏中"并入" 🔊 按钮,弹出"并入文件"对话框,如图 2-7-1 所示。

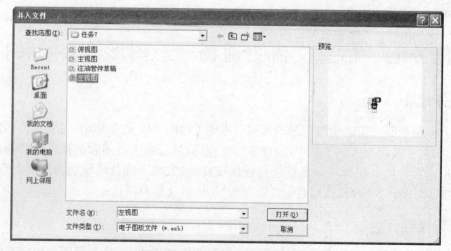

图 2-7-1 "并入文件"对话框(一)

3. 并入文件 2

在查找范围中选择 CAXA2011 机械版/素材/项目 2/任务 7/左视图 . exb 文件,单击"打开" 打开(0) 按钮,弹出"并入文件"对话框,如图 2-7-2 所示。

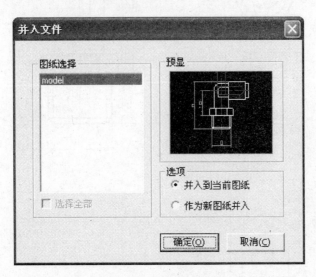

图 2-7-2 "并入文件"对话框(二)

4. 并入文件 3

在"选项"选项组中选中"并入到当前图纸"单选按钮,单击"完成" 完成 按钮,出现"并入文件"命令的立即菜单,如图 2-7-3 所示。在立即菜单 1. 下拉菜单中选择"定点"选项,立即菜单"2."下拉菜单中选择"保持原态"选项,立即菜单"3. 比例"文本框中输入"1",结果如图 2-7-3所示。

图 2-7-3 "并入命令"立即菜单

5. 并入左视图

将屏幕捕捉设为"导航",在系统提示"定位点"(此时左视图随鼠标移动)时,移动鼠标至主视图中心线右端,系统自动捕捉主视图中心线,沿主视图中心线向右移动到合适的位置,单击确认,此时系统提示"旋转角:",右击退出,完成左视图的并入,如图 2-7-4 所示。

提示:并入图形如果需要旋转可通过键盘输入角度,或由鼠标指定,若不旋转可直接右击。

知识链接:并入文件

将用户输入的文件名所代表的文件并入到当前的文件中。如果有相同的层,则并入到相同的层中。否则,全部并入当前层。

用以下方式可以调用"并入文件"功能:

◆单击"文件"主菜单中的"并入文件" 按钮。

◆单击功能区"常用"工具面板上的"并入文件" 按钮。

◆执行 merge 命令。

调用"并入文件"功能后,弹出"打开并入文件"对话框。"打开并入文件"对话框如图 2-7-5 所示。

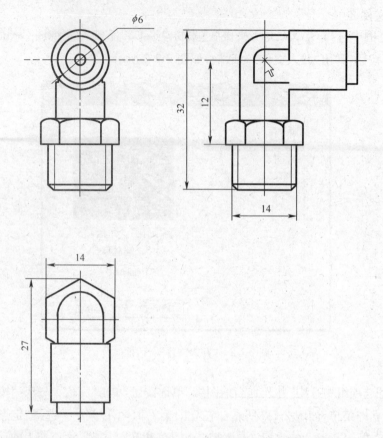

图 2-7-4   并入左视图

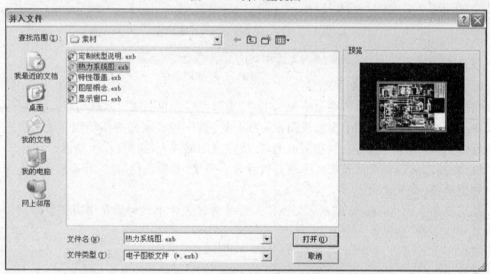

图 2-7-5   "并入文件"对话框(一)

操作步骤：

①并入文件。选择要并入的文件，单击"打开"按钮，弹出"并入文件"对话框，如图 2-7-6 所示。

②并入多张文件。如果选择的文件包含多张图纸，并入文件时在图 2-7-6 所示对话框中要在"图纸选择"文本框中选定一张要并入的图纸，选定图纸时在对话框右侧出现所选图形的预显，同时在"选项"选项组中可以选择并入设置，具体含义如下：

a."并入到当前图纸"单选按钮：将所选图纸作为一个部分并入到当前的图纸中。在立即菜单中可以选择定位方式为"定点"或"定区域"，设置放大比例，以及保持对象原态或者"粘贴为块"。选中"并入到当前图纸"单选按钮时，图纸选择只能选择一张。

b."作为新图纸并入"单选按钮：将所选图纸作为图纸并入到当前的文件中。此时可以选择一个或多个图纸。如果并入的图纸名称和当前文件中的图纸相同时，将弹出"重命名图纸对话框"，如图 2-7-7 所示，提示修改图纸名称。

图 2-7-6　"并入文件"对话框(二)

图 2-7-7　"图纸重命名"对话框

(二)部分存储主视图及俯视图

1. 存储主视图

选择"文件"→"部分存储"命令，系统提示"拾取元素"，选取主视图如图 2-7-8 所示，按【Enter】键或右击确认，此时系统提示"请给定图形基点"，移动鼠标拾取主视图的圆心，弹出"部分存储文件"对话框，在文件名文本框中输入"主视图"，单击"保存" 保存(S) 按钮，完成主视图的部分存储任务，如图 2-7-9 所示。

2. 存储俯视图

重复"部分存储"命令，完成俯视图的存储操作。

知识链接： 部分存储

将图形的一部分存储为一个文件。

用以下方式可以调用"部分存储"功能：

◆单击"文件"主菜单中的"部分存储"按钮。

◆单击右键菜单中的"部分存储"按钮。

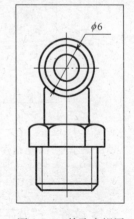

图 2-7-8　拾取主视图

◆执行 merge 命令。

先选择要存储的对象，调用"部分存储"功能，也可以先调用"部分存储"功能，再选择对象并右击确认，指定基点后弹出"部分存储文件"对话框。"部分存储文件"对话框如图 2-7-10 所示。

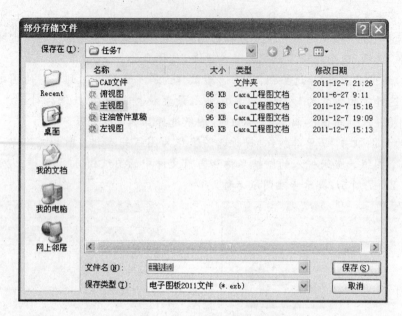

图 2-7-9　"部分存储文件"对话框

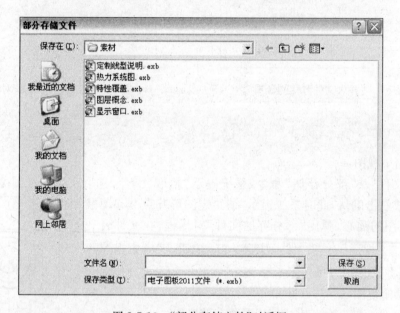

图 2-7-10　"部分存储文件"对话框

部分存储操作方法与保存文件的方法相同。

（三）另存为 DWG 格式文件

选择"文件"→"另存为"命令，系统弹出"另存文件"对话框，如图 2-7-11 所示。

在"保存类型"下拉列表框中选择需保存的文件类型及版本〔AutoCAD 2010 Drawing（＊.dwg）〕，在"文件名"文本框中输入文件名称，单击"保存" 保存(S) 按钮，完成了将电子图板".exb"格式文件另存为".dwg"格式的文件。

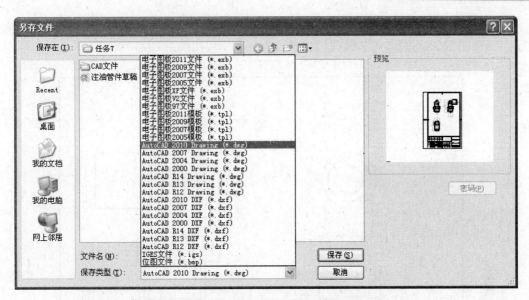

图 2-7-11　"另存文件"对话框

（四）图纸打印

（1）选择"文件"→"打印"命令或单击"常用"工具栏中"打印" 🖨 按钮，弹出"打印"对话框，如图 2-7-12 所示。

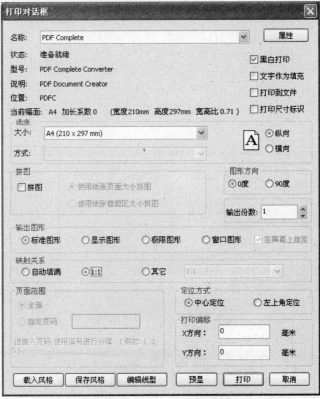

图 2-7-12　"打印"对话框

(2)按图所示设置相关参数,单击"预显"按钮,查看实际打印效果,如图 2-7-13 所示。确认无误后,单击"打印"按钮,将按预先设置的参数打印工程图纸。

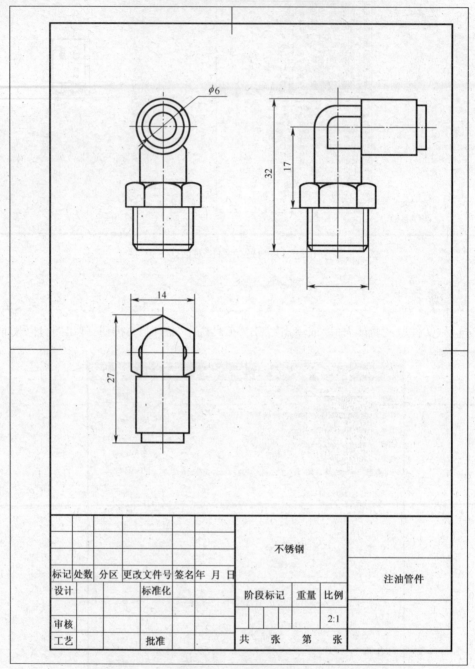

							不锈钢				
										注油管件	
标记	处数	分区	更改文件号	签名	年 月 日						
设计			标准化			阶段标记	重量	比例			
审核								2:1			
工艺			批准			共 张		第 张			

图 2-7-13　打印前预显

知识链接:打印参数设置

打印参数设置主要包括打印机设置、纸张设置、图纸方向设置、图形方向设置、输出图形设置、拼图设置、定位方式设置、打印偏移设置、风格保存、线型设置等。

各项含义请选择"帮助"命令或按【F1】按钮,打开用户手册查询。

（五）打开 DWG 文件并保存为图片文件

（1）选择"文件"→"打开"命令或单击"常用"工具栏中"打开" 📂 按钮，系统弹出"打开"对话框。

（2）在"文件类型"下拉列表框中选择"DWG 文件（＊.dwg）"，查找 CAXA2011 机械版/素材/项目 2/任务 7 中的 CAD 文件"主油管路草稿.dwg"文件，如图 2-7-14 所示，单击"打开"按钮，完成 DWG 文件的导入。

（3）选择"文件"→"另存为"命令，系统弹出"另存文件"对话框，如图 2-7-11 所示。

图 2-7-14 "打开文件"对话框

（4）在"保存类型"下拉列表框中选择需保存的图片类型（.bmp），在"文件名"文本框中输入文件名称，单击"保存" 保存(S) 按钮，系统弹出"位图输出设置"对话框，如图 2-7-15 所示，设置位图大小及质量，单击"完成" 完成 按钮，完成了将工程图另存为".bmp"格式的图片文件。

图 2-7-15 "位图输出设置"对话框

（六）DWG/DXF 批量转换

（1）选择"文件"→"DWG/DFX 批转换器(D)…"命令或单击"工具"面板中 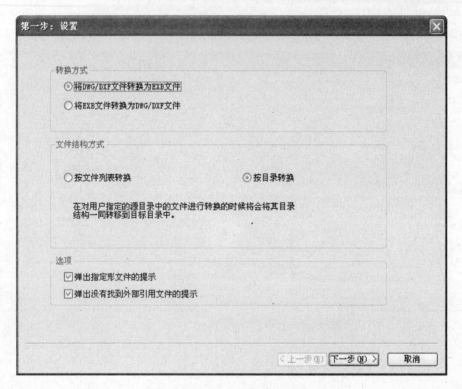 按钮，系统弹出"第一步：设置"对话框，如图 2-7-16 所示。

图 2-7-16　"第一步：设置"对话框

（2）在转换方式选项中，选中"将 DWG/DXF 文件转换为 EXB 文件"单选按钮，在文件结构方式选项中选中"按目录转换"单选按钮，单击"下一步"按钮，弹出"第二步：加载文件"对话框，如图 2-7-17 所示。

（3）在左侧预览框中查找待转换文件目录（CAXA2011 机械版/素材/项目 2/任务 7/CAD文件），单击"浏览"按钮，弹出"指定转换后的文件目录"对话框，如图 2-7-18 所示，

（4）指定转换后存放文件的文件夹，单击"完成" 完成 按钮返回"第二步：加载文件"对话框，单击"开始转换"按钮，CAXA 电子图板将指定文件夹中的 DWG/DXF 文件整批转换成EXB 文件，并存放在指定的文件夹中。

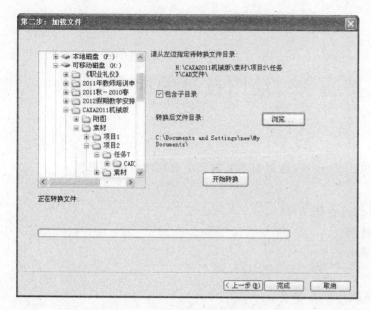

图 2-7-17　"第二步:设置"对话框

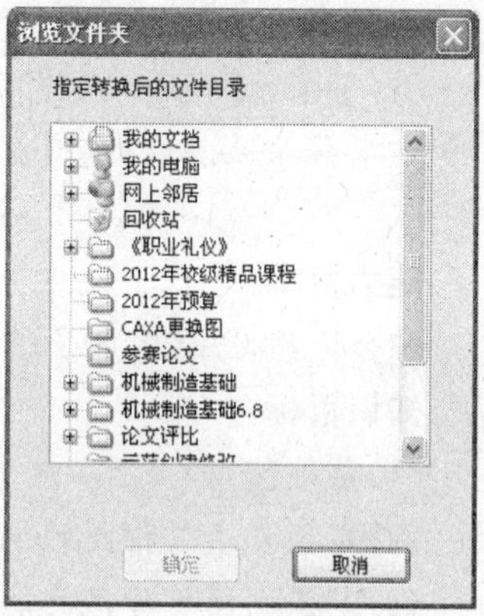

图 2-7-18　"指定转换后的
文件目录"对话框

思考与练习

1. 填空题

(1)CAXA 电子图板可以与_____、_____文件进行数据转换。

(2)打印线宽的有效范围是_____。

(3)并入文件时,并入到当前图纸时,是将所选文件作为_____并入到当前图纸中;而作为新图纸并入时,是将所选的图纸作为_____并入到当前的文件中。

2. 思考题

"部分存储"命令可以给绘图带来哪些方便?

3. 拓展练习

(1)将以前任务绘制的图形转换成＊.dwg 格式和图片格式文件。

(2)从＊.dwg 格式工程图文件中提取图框和标题栏。

项目三　融汇贯通——绘图技巧的综合运用

能力目标

综合运用 CAXA 电子图板 2011 机械版，达到制图员国家职业标准四级要求。

知识目标

(1)熟练使用 CAXA 电子图板的各项功能。

(2)掌握复杂工程图的绘制技巧。

(3)掌握制图员考试的能力要求。

课时安排

12 课时(课程讲解 6 课时、实践操作 6 课时)。

任务一　融汇贯通——工程图绘制

任务背景

本零件为齿轮泵的泵体，属于箱体类零件。一般来说，箱体类零件的形状、结构比较复杂，并且加工位置的变化更多。齿轮泵是汽车或机器中用来输送润滑油的一个部件，由泵体、左右端盖、传动齿轮轴和齿轮轴等多种零件装配而成。泵体在机构中具有支撑、包容、保护泵体内齿轮和其他运动零件的作用。

任务设置

绘制图 3-1-1 所示的齿轮泵泵体的零件图。

任务目标

通过本次任务，完成泵体的工程图形的绘制，应掌握以下操作：

◇ 熟悉各种绘图工具

◇ 综合运用各种绘图工具

◇ 了解各种工具的使用技巧

任务分析

在前面的任务中我们已经熟悉了有关 CAXA 绘图软件的特点，并且学习了 CAXA 各种绘图工具的使用，本次任务要求同学们利用前面所学习的知识完成复杂平面图形(箱体类零件)的绘制。

箱体类零件是一般机械图样中比较复杂的图形，在本例中主要是利用直线、圆、圆弧等命令来实现。结合本泵体的特点，具体绘制思路是：将泵体分为泵体顶面、箱体中间腔体和泵体底座,每个视图的绘制围绕这三个部分分别进行;依次绘制主视图、B向视图和左视(剖)图,最后进行工程标注。

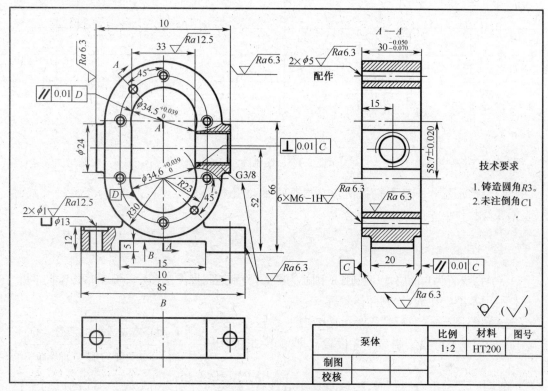

图 3-1-1　泵体的零件图

操作步骤

(一)绘图环境及图幅设置

(1)按系统默认设置,分层绘图。

(2)图幅设置:图纸幅面为 A4,横放、绘图比例为 1∶1、调入图框(任选一种)和标题栏(School(CHS))。

(3)保存文件(在绘图过程中要及时保存,以免意外引起图形丢失)。

(二)绘制辅助定位线

(1)将中心线层设为当前层。

(2)选择"直线"命令绘制主视图的十字中心线,然后绘制过泵体中间腔体上、下圆弧圆心的水平中心线(运用平行线或等距线命令),结果如图 3-1-2 所示。

(3)以上、下水平线与垂线的交点为圆心,绘制半径为 R23 的两个圆,并用直线连接两个圆的公切线,如图 3-1-3 所示。

(4)分别以两圆心为起点,绘制与垂直定位线相交 45°的两条直线,并裁剪图形,结果如图 3-1-4所示。

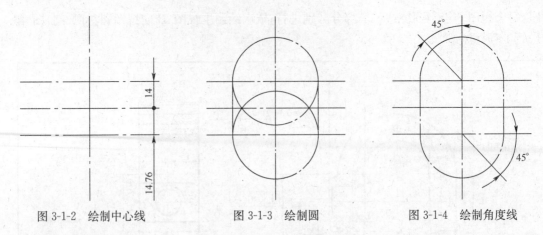

图 3-1-2　绘制中心线　　　　图 3-1-3　绘制圆　　　　图 3-1-4　绘制角度线

提示：线的位置和长度要根据图形在图纸中的位置和图形的大小来确定，不要过长或过短，以免后续拉伸操作。

（三）绘制主视图

（1）将 0 层设置为当前层，以两圆弧的圆心为圆心，分别绘制直径为 $\phi34.5$、$\phi60$ 的两组同心圆。

（2）利用基准定位线，绘制膛体轮廓。

①选择"绘图"→"平行线"命令或单击工具栏中"平行线"∥按钮，打开平行线绘制命令并设置立即菜单如图 3-1-5 所示。

1. 偏移方式 ▼	2. 双向 ▼

图 3-1-5　"平行线"立即菜单

②系统提示"拾取直线："时，拾取垂直中心线，绘制距离分别为 16.5、30、35 的三对平行线；重复上述步骤，绘制水平中心线的平行线（距离为 12），如图 3-1-6 所示。裁剪图形（边界裁前），结果如图 3-1-7 所示。

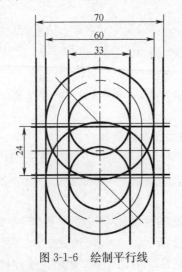

图 3-1-6　绘制平行线

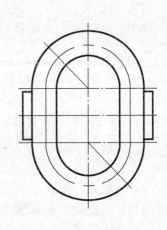

图 3-1-7　裁剪图形

（3）绘制泵体底座。

①选择"绘图"→"平行线"命令或单击工具栏中"平行线"∥按钮，打开平行线绘制命令并设置立即菜单（偏移方式、双向），绘制垂直中心线的两对平行线（距离分别是 22.5、42.5）。

②重复上述命令,将双向改为单向,绘制水平中心线的三条平行线(距离分别是 50、47、40),如图 3-1-8 所示,裁剪图形,结果如图 3-1-9 所示。

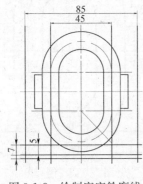

图 3-1-8　绘制底座轮廓线

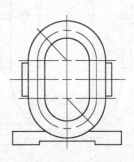

图 3-1-9　底座裁剪完成

(4)绘制螺孔及定位孔。选择"圆"命令绘制直径为 $\phi5$ 的两个定位孔及 M6 内螺纹(内螺纹公称直径为 6,用细实线,画 3/4 圆;小径可查表或按公称直径为 0.85 的粗实线画),如图 3-1-10 所示。

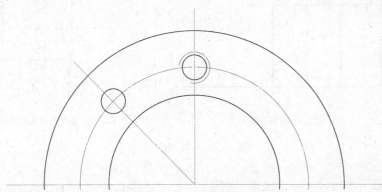

图 3-1-10　绘制定位孔及螺纹

然后选择"复制"命令,复制其余五个螺纹,结果如图 3-1-11 所示。

提示:内螺纹绘制也可以选择"绘图"→"图库"→"提取图符"命令,选择"常用图形"→"螺纹"→"粗牙内螺纹"命令。按公称直径选取,再按定位点逐个放置在图中所要求的位置。

(5)倒圆角。选择"绘图"→"过渡"→"圆角"命令或单击工具栏中"圆角"▢按钮,选择"圆角"→"裁剪始边"命令,选择始边,如图 3-1-12 所示。半径设为 3,倒圆角(系统提示"第二条直线"时,选择圆弧),结果如图 3-1-13 所示。

(6)绘制局部剖视图。选择"等距线"或"平行线"命令绘制定位孔和螺纹孔的剖视图(螺纹孔尺寸可查表得知:大径为 16.662,小径为 14.995),结果如图 3-1-14 所示。

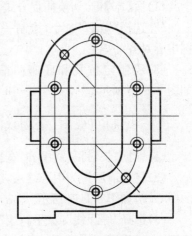

图 3-1-11　复制螺孔

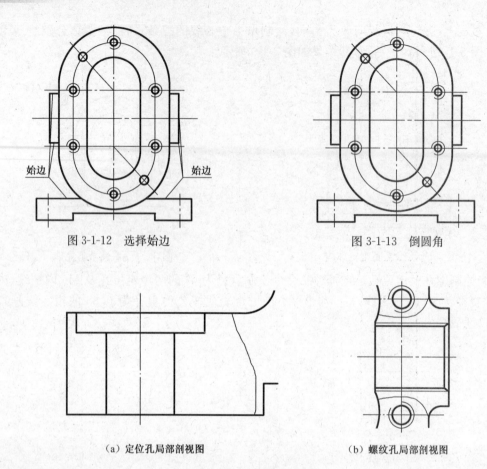

图 3-1-12　选择始边　　　　　　　图 3-1-13　倒圆角

（a）定位孔局部剖视图　　　　　　　（b）螺纹孔局部剖视图

图 3-1-14　局部剖视图

（四）绘制 B 向视图

（1）按【F6】键，切换捕捉方式为"导航"。

（2）选择"矩形"命令，绘制一个长为 85，宽为 20，与主视图中心对齐的矩形。

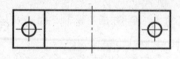

图 3-1-15　绘制 B 向视图

（3）绘制定位孔和底座凹槽的截面（B 向视图），结果如图 3-1-15 所示。

（五）绘制左视图（全剖视图）

（1）根据"长对正、高平齐、宽相等"准则，绘制剖视图外轮廓，如图 3-1-16 所示。

（2）将当前层设为中心线层，绘制定位孔、泵体中间膛体上下圆弧、装配螺纹孔及管螺纹孔的中心线，如图 3-1-17 所示。

（3）选择"等距线"或"平行线"命令，绘制定位孔、螺纹孔，选择"圆"命令，绘制管螺纹（注意线型，小径为粗实线圆，大径为细实线 3/4 左右圆弧），如图 3-1-18 所示。

（4）补画膛体内轮廓（圆弧面与两侧面的交线）及底座与中间膛体连接处的铸造圆角，如图 3-1-19 所示。

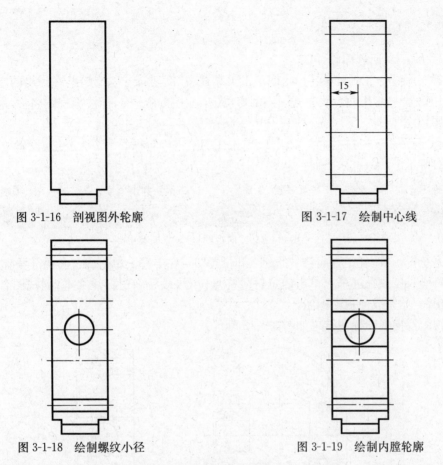

图 3-1-16　剖视图外轮廓

图 3-1-17　绘制中心线

图 3-1-18　绘制螺纹小径

图 3-1-19　绘制内膛轮廓

（5）填充剖面线（注意：剖面线画到内螺纹小径圆处）并对加工面倒角（C1），结果如图 3-1-20所示。

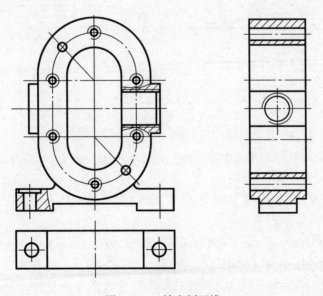

图 3-1-20　填充剖面线

（六）工程标注

（1）剖视图及向视图的标注。

选择"标注"→"剖切符号"命令或单击工具栏中"剖切符号" 按钮，在弹出的立即菜单中输入剖切符号（A），用两点线方式画出剖切轨迹，确定投射方向，标注剖视图名称，最后右击完成剖视图标注。

选择"标注"→"向视符号"命令或单击工具栏中"向视符号" 按钮，设置立即菜单如图 3-1-21 所示。

| 1. 标注文本 B | 2. 字高 3.5 | 3. 箭头大小 4 | 4. 不旋转 ▼ |

请确定方向符号的起点位置：

图 3-1-21 "向视图符号"立即菜单

在系统提示"请确定方向符号的起点和位置"时，在屏幕上单击确定向视符号箭头位置，然后输入符号长度或在屏幕上单击确定符号终点位置，最后确定标注文本（向视图名称）位置。右击退出命令，完成向视图标注。

剖视图及向视图标注结果如图 3-1-22 所示。

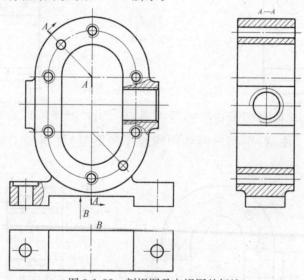

图 3-1-22 剖视图及向视图的标注

（2）工程图尺寸标注（用基本标注），如图 3-1-23 所示。

注意： 管螺纹 G3/8 的注写要用无箭头的引线从大径线引出，尺寸水平注写在引出线上方。

（3）基准代号与形位公差标注。

①选择"标注"→"基准代号"命令或单击工具栏中"基准代号" 按钮，设置立即菜单如图 3-1-24 所示。

当系统提示"拾取定位点或直线或圆弧"时，拾取剖视图标注面，移动光标确定标注位置，单击完成 C 基准符号标注；同理标注 D 基准符号，结果如图 3-1-25 所示。

提示： 当系统提示"拾取定位点或直线或圆弧"，应选择直径为 $\phi34.5$ 的圆弧，符号要同尺寸线在同一直线上。

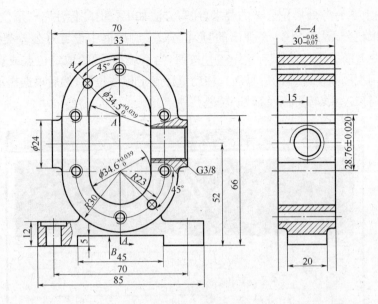

图 3-1-23 标注基本尺寸

:::1. 基准标注 ▾ 2. 给定基准 ▾ 3. 默认方式 ▾ 4. 基准名称 C|

拾取定位点或直线或圆弧

图 3-1-24 "基准代号"立即菜单

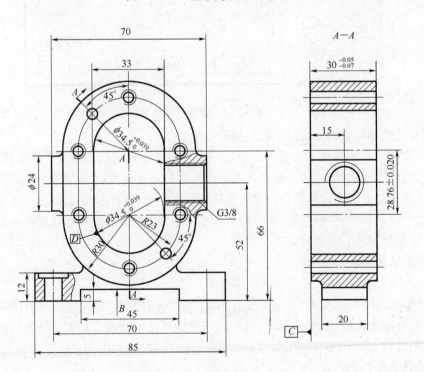

图 3-1-25 基准符号标注

②零件图上共有三处形位公差的要求,注写方法如下:选择"标注"→"形位公差"命令或单击工具栏中"形位公差" 命令,在弹出的"形位公差"对话框中设置好公差类型、数值及基准等参数,如图 3-1-26 所示,单击"确定" 确定 按钮,当系统提示"拾取定位点或直线或圆弧"时,拾取基准面(剖视图右侧泵体的后平面),移动鼠标确定标注位置,然后根据提示在屏幕上单击确定形位公差符号引线转折点及符号位置。

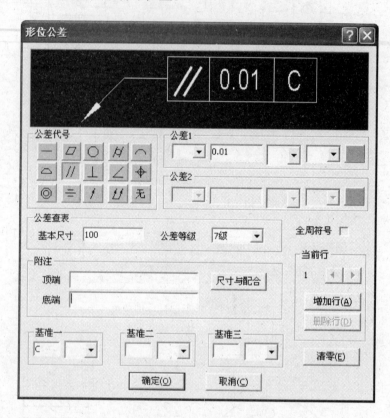

图 3-1-26　设置形位公差

同理标注腔体圆弧轴心线的平行度与垂直度公差。

提示:在标注 C 基准及垂直度公差时,当系统提示"拾取定位点或直线或圆弧"时,拾取直径尺寸线的箭头,利用导航功能,使引线与尺寸线在同一直线上;在标注平行度公差时,当系统提示"拾取定位点或直线或圆弧"时,首先拾取圆弧上一点,再拾取圆弧圆心,当系统提示"拖动确定标注位置"时,利用导航功能,使两段引线在同一直线上,然后单击确定符号放置位置,完成标注。结果如图 3-1-27 所示。

(4)表面结构要求的注写。

①利用引出说明标注尺寸及表面结构要求。

选择"标注"→"引出说明"命令或单击工具栏中"引出说明" 按钮,在"引出说明"对话框中输入内容及插入符号,如图 3-1-28 所示,然后根据系统提示确定标注点及符号位置,右击完成引出说明标注。图中安装孔、定位孔、及装配螺纹孔三处采用了此方法注写,结果如图 3-1-29中虚线方框位置所示。

②零件图上各加工表面结构要求的常用注写。

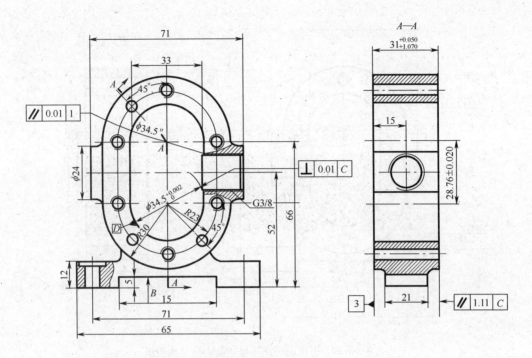

图 3-1-27　形位公差注写

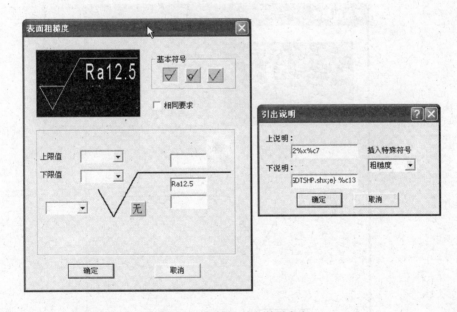

图 3-1-28　输入引出说明内容

选择"标注"→"粗糙度"命令或单击工具栏中"粗糙度" √ 按钮,在立即菜单中选择"标准标注",弹出"表面粗糙度"对话框,设置好标注类型及参数,如图 3-1-30 所示,单击"确定" 确定 按钮,然后根据系统提示移动鼠标拾取标注面和确定标注位置,完成表面结构要求的标注。结果如图 3-1-31 所示。

提示:表面结构要求的标注时,轮廓线左侧、上面可直接标注,而右侧、下面时要用引出方

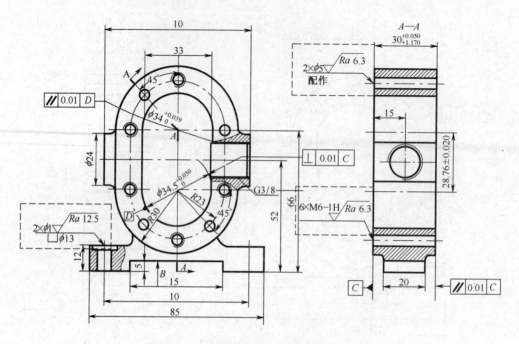

图 3-1-29　引出说明注写尺寸及表面结构要求

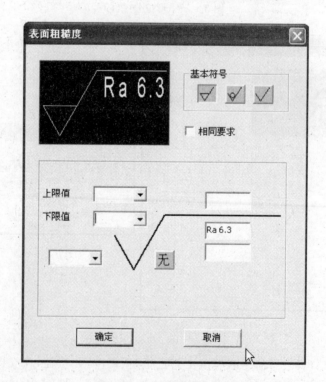

图 3-1-30　设置粗糙度参数

式标注。

　　③具有相同表面结构要求的合并标注。

　　在工程标注中,在些表面结构要求一致且位置很近,可合并标注,在本图中,管螺纹和底座

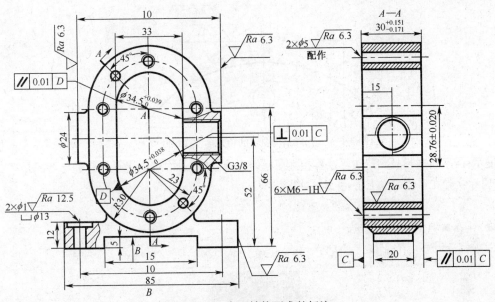

图 3-1-31 表面结构要求的标注

加工、膛体前后两端加工面、膛体内两侧平面具有相同的表面结构要求,可合并标注。

a. 管螺纹和底座加工面表面结构要求的标注。

将尺寸线层设为当前层。选择"绘图"→"箭头"命令或单击工具栏中"箭头" ↗ 按钮,绘制标注点到标注符号之间的引线,如图 3-1-32 所示。

b. 膛体两侧加工面表面粗糙度标注。先绘制引线,再标注粗糙度,如图 3-1-33 所示。

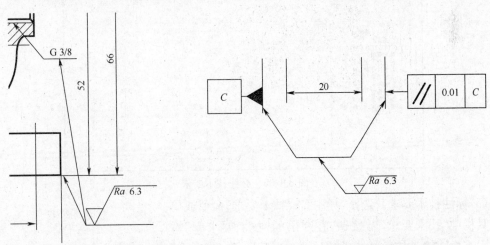

图 3-1-32 绘制箭头引线合并相同结构要求的标注　　　图 3-1-33 相同结构要求的合并标注

提示:可通过引线或绘制直线、箭头来完成。

c. 注写在尺寸线上。膛体内两侧平面具有相同表面结构要求,可注写在两侧面的距离尺寸线(尺寸为33)上。如图 3-1-34 所示。

④零件图上未注表面结构要求的集中注写。选择"绘图"→"文字"命令或单击工具栏中"文字" A 按钮,根据系统提示在屏幕上指定粗糙度标注位置,在弹出的文本编辑器对话框中输入内容并设置好格式,如图 3-1-35 所示,然后单击"确定" 确定 按钮,完成文本标注(粗糙度)。

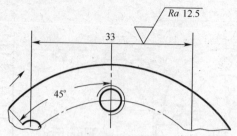

图 3-1-34　相同结构要求的合并标注在尺寸线上

提示：国家新国标规定此注写放置在标题栏的上方。（新国标对此注写的要求与老国标有所不同，老国标放置在图幅的右上角，并加文字"其余"）

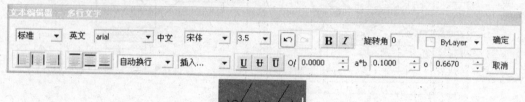

图 3-1-35　"文本编辑器"

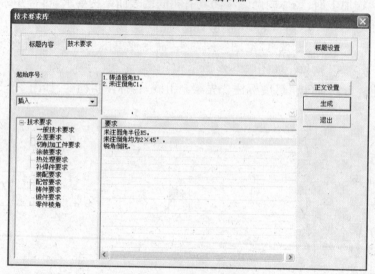

图 3-1-36　标注技术要求

（5）标注技术要求。选择"标注"→"技术要求"命令或单击工具栏中"技术要求" 按钮，在弹出的"技术要求库"对话框中查找或输入技术要求，如图 3-1-36 所示，单击"生成" 按钮，然后在图纸上确定位置，完成技术要求标注，如图 3-1-37 所示。

技术要求

1. 铸造圆角 $R3$；
2. 未注倒角 $C1$

图 3-1-37　技术要求标注

（七）保存文件

选择"视图"→"显示全部（A）"命令或单击"常用"工具栏中"显示全部" 按钮，所绘制的泵体工程图全部显示在屏幕上，单击"标准"工具栏中"保存" 按钮，保存文件。如图 3-1-38 所示。

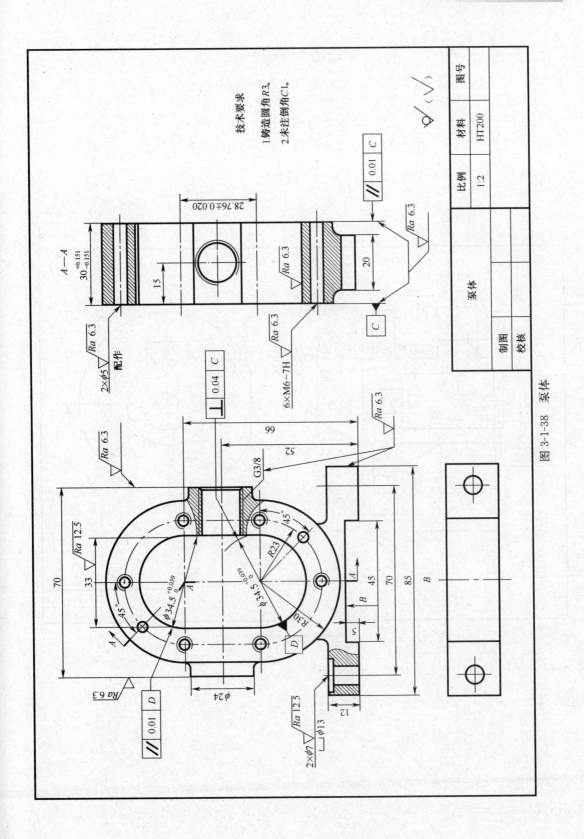

图 3-1-38　泵体

比例	材料	图号
1:2	HT200	

泵体

制图		
校核		

技术要求

1.铸造圆角R3。

2.未注倒角C1。

思考与练习

绘图题

绘制图 3-1-39、图 3-1-40 及图 3-1-41 所示零件图。

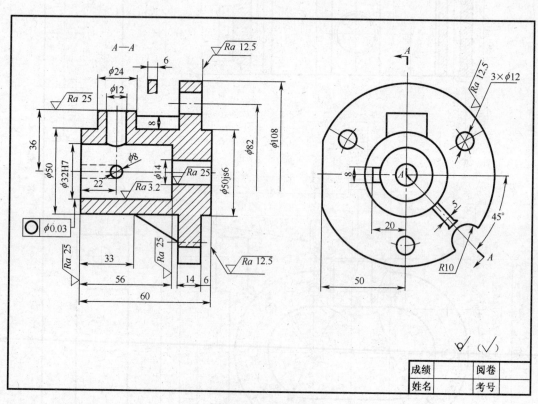

图 3-1-39 盘盖零件图

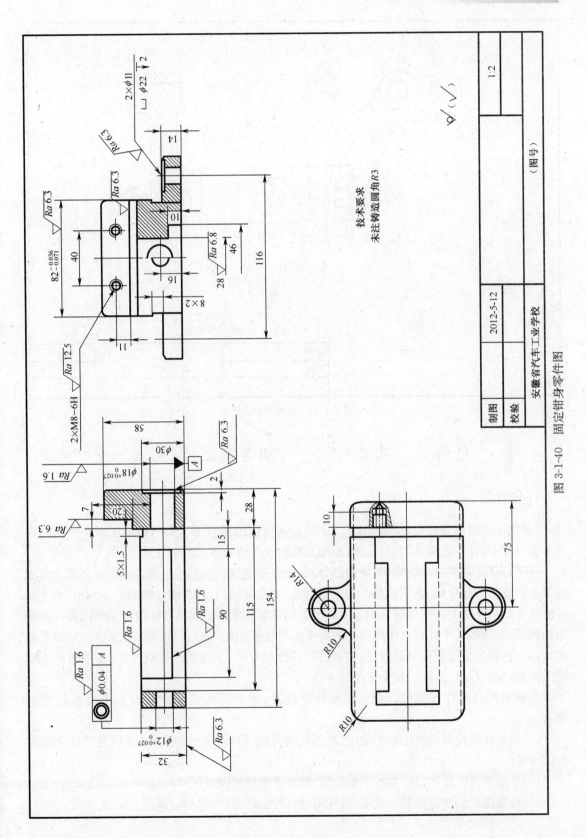

技术要求

未注铸造圆角R3

图 3-1-40　固定钳身零件图

安徽省汽车工业学校		1:2
制图		（图号）
校验	2012-5-12	

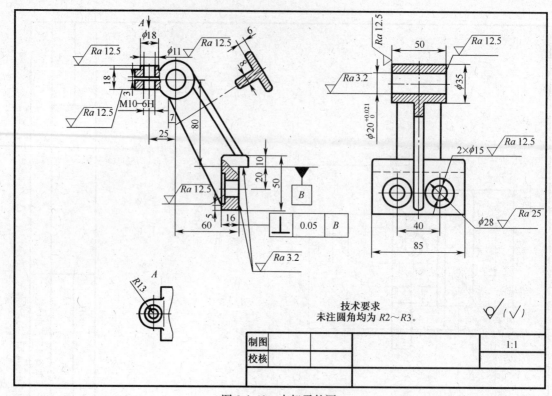

图 3-1-41　支架零件图

任务二　功成名就——初考制图员（初级）

任务背景

《制图员国家职业标准》规定，国家制图员是指使用绘图仪器、设备，根据工程和产品的设计方案、草图和技术说明，绘制其正图（原图）、底图及其他技术图样的人员。

制图员认证考试有理论知识（应知部分）和操作技能（应会部分）。理论知识主要考查考生对职业道德和职业守则、制图的基本知识、投影法的基本知识、计算机绘图的基本知识、专业图样的基本知识及相关法律法规知识等不关概念的理解和掌握。操作技能由手工绘图和计算机绘图两部分组成，其中计算机绘图主要考查考生对计算机绘图软件使用的熟练性。主要考试模块内容和题型为绘图环境的设置、平面图形的绘制方法、三视图的绘制方法、零件图和装配图的绘制方法以及尺寸标注和文字注写方法。

初级制图员操作技能试题分为初始环境设置，平面图形的绘制和投影图的绘制三个部分。

（1）初始环境设置包括图幅的设定、标题栏及边框线的绘制、图层的要求以及其他初始参数的设置。

（2）平面图形的绘制包括基本平面图形、圆弧连接图形及其尺寸标注。

（3）投影图的绘制包括基本视图、剖视图、断面图等二维投影图及其尺寸标注。

任务设置

制图员初级操作技能考核试卷(机考)

考试要求:

(1)按 1:1 比例绘图。

(2)尺寸标注参数使用系统缺省设置。

(3)分层绘图。图层、颜色均按系统缺省设置。

(4)各题图形的位置可自行确定。

(5)存盘前便图框充满屏幕。

(6)存盘时文件名采用考试号码。

1. 调用图框和标题栏(10 分)

图框形式:统一标准的 A3 幅面图框(横放)。

标题栏形式:任意一种。

在标题栏的"设计"栏填写姓名。

在标题栏右下角空栏内填写考号。

2. 画图 3-2-1 所示平面图形(不标注尺寸)(30 分)

3. 补画三视图(见图 3-2-2),标注尺寸及各粗糙度代号(30 分)

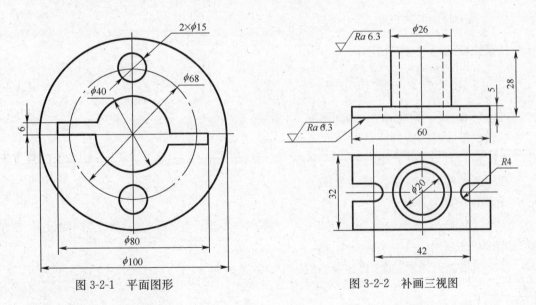

图 3-2-1 平面图形   图 3-2-2 补画三视图

4. 提取图符,画出紧固件联接图形(见图 3-2-3),标注尺寸和引出注释(30 分)

任务目标

通过本次任务,完成初级制图员测试试卷,应掌握以下操作:

◇ 了解制图员考试的方法及要求

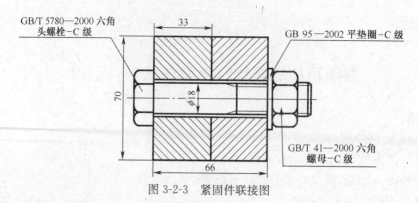

图 3-2-3 紧固件联接图

◇ 熟悉初级制图员考试的内容及所要达到的程度

◇ 完成国家职业技能鉴定统一考试初级制图员《计算机绘图》测试试卷

任务分析

初级制图员计算机绘图技能要求为能使用一种软件绘制简单的二维图形并标注尺寸,同时能使用打印机或绘图机输出图纸。相关知识点为调出图框、标题栏的知识;绘制直线、曲线的知识;曲线编辑的知识及文字标注的知识。

操作步骤

(一)绘图环境设置

按系统默认设置分层绘图。

(二)调用图框和标题栏并填写标题栏

图框形式:统一标准的 A3 幅面图框。(横放)

标题栏形式:任意一种。

在标题栏的"制图"栏填写姓名。

在标题栏右下角空栏内填写考号。

1. 调用图框与标题栏

选择"幅面"→"图幅设置"命令或单击工具栏中"图幅设置"⬚按钮,弹出"图幅设置"对话框,如图 3-2-4 所示。

设置图纸幅面为 A3,图纸方向为"横向",标题栏为"GA－A(CHS)"样式,单击"确定" 确定 按钮。

2. 填写标题栏

(1)选择"幅面"→"填写标题栏"命令或单击工具栏中"填写标题栏" T 按钮,打开填写标题栏的命令,如图 3-2-5 所示。

在"设计_人员编号"文本框处输入自己的姓名,单击"确定" 确定 按钮,完成标题栏填写。

(2)选择"绘图"→"文字"命令或单击工具栏中"文字" A 按钮,打开文字输入命令。

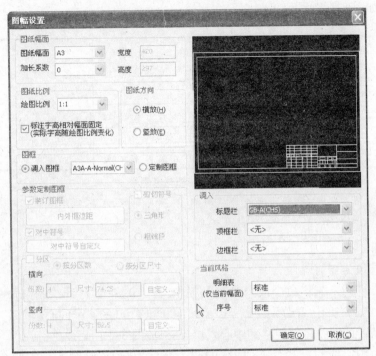

图 3-2-4 图幅设置

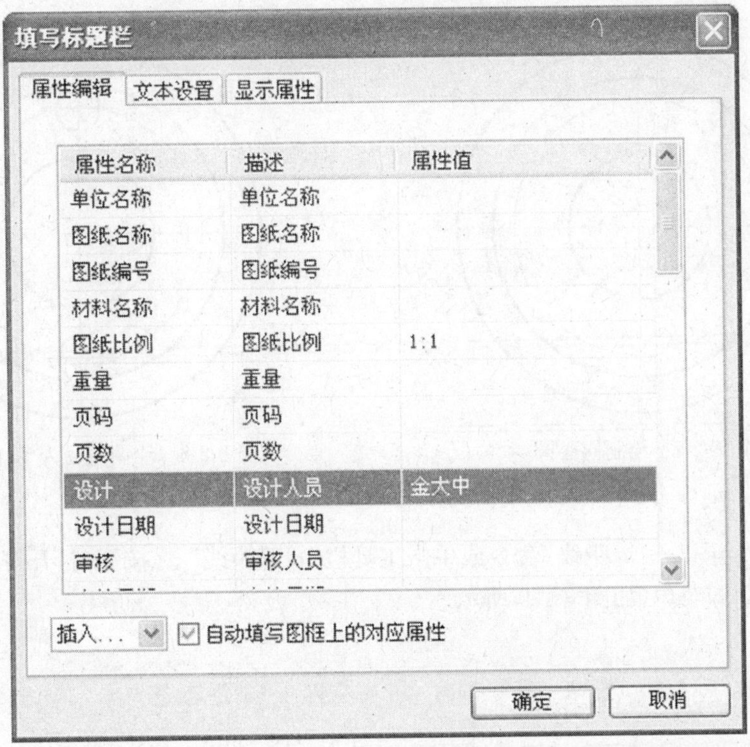

图 3-2-5 填写标题栏

在标题栏右下角空白栏内填写自己的考号,完成后单击"确定" 确定 按钮,完成考生考号的输入,结果如图 3-2-6 所示。

标记	处数	分区	更改文件号	签名	年 月 日					
设计	金大中		标准化			阶段标记		重量	比例	
审核									1:1	
工艺			批准			共 张 第 张				200820003

图 3-2-6 填写考生号

(三)画平面图形(不标注尺寸)

1. 绘制圆

(1)将 0 层设为当前层。

(2)选择"绘图"→"圆"命令或单击工具栏中"圆" ⊙ 按钮,打开绘制圆命令,用"圆心_半径"方式;在图纸适当的位置分别绘制 $\phi40$、$\phi68$、$\phi80$ 和 $\phi100$ 的 4 个同心圆。

(3)选中 $\phi68$ 的圆并将其转移到中心线层,结果如图 3-2-7 所示。

(4)以垂直中心线和直径为 68 的圆的两个交点为圆心,绘制 $\phi15$ 的两个圆,如图 3-2-8 所示。

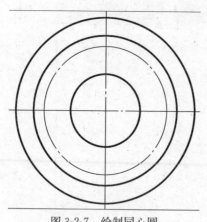

图 3-2-7 绘制同心圆

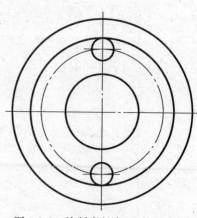

图 3-2-8 绘制直径为 15 的两个圆

2. 绘制等距线

(1)选择"绘图"→"等距线"命令或单击工具栏中"等距线" 按钮,打开等距线绘制命令。

(2)设置立即菜单,如图 3-2-9 所示。

1. 单个拾取 ▼	2. 指定距离 ▼	3. 双向 ▼	4. 空心 ▼	5.距离 ⅈ	6. 份数 1

图 3-2-9 "等距线"立即菜单

(3)系统提示"拾取曲线:",移动光标拾取水平向中心线,完成等距线绘制,结果如图 3-2-10 所示。

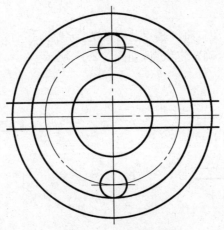

图 3-2-10　绘制等距线

3. 裁剪并完善图形

(1)选择"裁剪"命令,裁剪多余的线段,结果如图 3-2-11 所示。

(2)选择"直线"命令分别连接图 3-2-11 所示 1、2 两点及 3、4 两点,完成图形绘制,结果如图 3-2-12 所示。

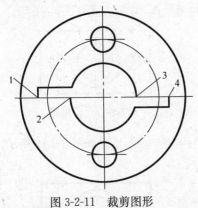

图 3-2-11　裁剪图形

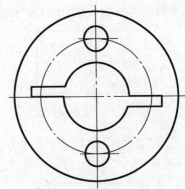

图 3-2-12　裁剪完成的图表

(四)画三视图并标注尺寸和表面结构

1. 绘制主视图外轮廓

(1)选择"绘图"→"孔/轴"命令或单击工具栏中"孔/轴" 按钮,打开孔/轴绘制功能。

(2)设置立即菜单,如图 3-2-13 所示。

图 3-2-13　"孔/轴绘制"立即菜单

(3)根据图形尺寸,分别绘制直径为 $\phi 60$、高度为 5 和直径为 $\phi 26$、高度为 23 的轴,如图 3-2-14所示。

2. 绘制俯视图轮廓。

(1)选择"绘图"→"矩形"命令或单击工具栏中"矩形" 按钮,打开矩形绘制命令,给制长度为 60,宽度为 32 的矩形。

（2）系统提示"定位点："时，将屏幕点状态改为"导航"，移动光标将矩形中心与主视图中心线对齐，并在合适位置单击，确定定位点，如图 3-2-15 所示。

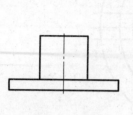

图 3-2-14　给制主视图

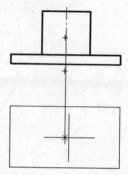

图 3-2-15　绘制俯视图

（3）将中心线层设为当前图层，利用"等距线"命令绘制以纵向中心线的双向等的等距线（距离为 21），结果如图 3-2-16 所示。

（4）将 0 层设为当前图层，以矩形中心为圆心，绘制直径为 $\phi20$、$\phi26$ 的两个圆；以矩形水平中心线和两等距线的交点为圆心，分别绘半径为 R4 的两个圆，结果如图 3-2-17 所示。

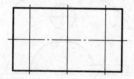

图 3-2-16　绘制辅助线

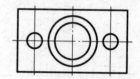

图 3-2-17　绘制圆

（5）选择"直线"命令，绘制连接圆上、下象限点（切点）到边的垂线，结果如图 3-2-18 所示。

（6）选择"裁剪"命令，裁剪图形，结果如图 3-2-19 所示。

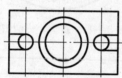

图 3-2-18　绘制直线

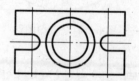

图 3-2-19　裁剪图形

3. 补画左视图

（1）选择"工具"→"三视图导航"命令，绘制三视图导航线，并将屏幕点状态改为"导航"，在屏幕合适位置绘制导航线，如图 3-2-20 所示。

（2）选择"绘图"→"矩形"命令或单击工具栏中"矩形" ▢ 按钮，打开矩形绘制命令（两角点方式）。

（3）当系统提示"第一角点："的，移动光标，使导航线分别过主视图底板上端特征点及过俯视图中最上端的特征点，如图 3-2-21 所示（第一点），单击输入第一点坐标。这时系统提示输入"另一角点"，保持水平导航线不动，向右移动鼠标，使左视图与俯视图实现"宽相等"（第二点），单击输入另一角点坐标，完成矩形绘制。

（4）用同样的方法绘制左视图其他部分线段，结果如图 3-2-22 所示。

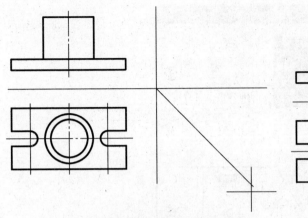

图 3-2-20　设置三视图导航并绘制导航线

图 3-2-21　绘制左视图底板轮廓

4. 补画不可见轮廓(虚线)

(1)将虚线层设为当前图层。

(2)选择"直线"命令,根据三视图"长对正、高平齐、宽相等"的规则,补画不可见轮廓线,并整理中心线。

(3)再次选择"工具"→"三视图导航"命令或按【F7】键,关闭三视图导航,完成视图的绘制。结果如图 3-2-23 所示。

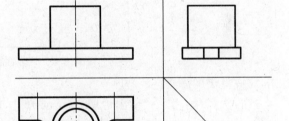

图 3-2-22　左视图绘制

5. 标注尺寸

(1)选择"标注"→"尺寸标注(S)"→"尺寸标注(D)"命令或单击工具栏中"尺寸标注"按钮,打开尺寸标注命令。在立即菜单中选择"基本标注"方式,分别标注图 3-2-24 所示的图形基本尺寸。

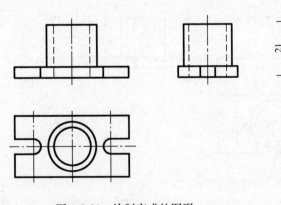

图 3-2-23　绘制完成的图形

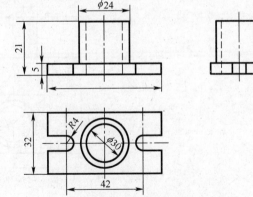

图 3-2-24　标注基本尺寸

(2)选择"标注"→"粗糙度"命令或单击工具栏中"粗糙度"√按钮,打开粗糙度标注命令。并设置立即菜单(标准标注、默认方式),在弹出的"表面粗糙度"对话框中输入表面粗糙度值(Ra 6.3),如图 3-2-25 所示。

(3)当系统提示"拾取定位点或直线或圆弧:"时,拾取标注,并移动光标到合适的位置单

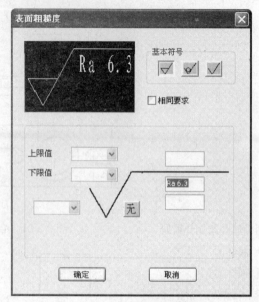

图 3-2-25 "表面粗糙度"对话框

击,完成粗糙度标注。

(4)选择"标注"→"引出说明"命令或单击工
具栏中"引出说明" ✏ 按钮,打开引出说明标注命
令。在弹出的"引出说明"对话框中的"插入特殊
符号"下拉列表框中选择"粗糙度",如图 3-2-26 所
示,并在弹出的"表面粗糙度"对话框中输入粗糙
度值"Ra 6.3",拾取标注面,移动光标确定标注位
置,完成标注。结果如图 3-2-27 所示。

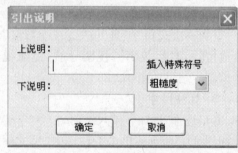

图 3-2-26 "引出说明"对话框

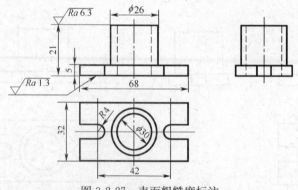

图 3-2-27 表面粗糙度标注

(五)画紧固件联接图形并标注有关尺寸

1. 画紧固件

选择"绘图"→"直线"命令或单击工具栏中"直线" ✏ 按钮,打开直线绘制命令。绘制
图 3-2-28所示图形(注意尺寸)。

2. 填充剖面线

选择"绘图"→"剖面线"命令或单击工具栏中![按钮]按钮,填充左侧固件(参数为系统默认设置);重复上述步骤,将"旋转角"改为－45°,填充右侧固件,结果如图 3-2-29 所示。

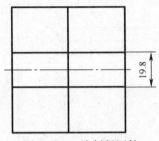

图 3-2-28　绘制紧固件

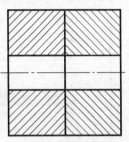

图 3-2-29　填充剖面线

3. 提取图符

(1)选择"绘图"→"图库"→"提取图符(G)…"命令或单击工具栏中"提取图符"![按钮] 按钮,弹出"提取图符"对话框,根据题意选择图符类型(GB/T 5780－2000 六角头螺栓－C 级),如图 3-2-30 所示。

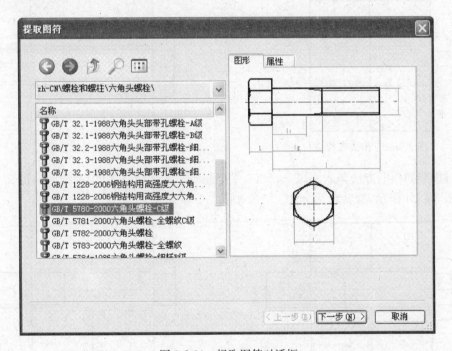

图 3-2-30　提取图符对话框

(2)单击"下一步"[下一步(N)>] 按钮,弹出"图符预处理"对话框,在"尺寸规格选择:"下拉列表框中选择规格为 M18,在长度下拉列表框中选 90,如图 3-2-31 所示。

(3)单击"确定"[确定] 按钮,系统提示"图符定位点:",同时图符跟随光标移动,拾取中心线与左边的交点,如图 3-2-32 所示,此时系统提示"图符旋转角度(0°):",按【Enter】键或右击确认,完成螺栓的调入及定位,结果如图 3-2-33 所示。

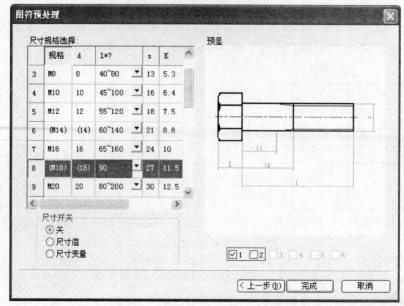

图 3-2-31　"图符预处理"对话框

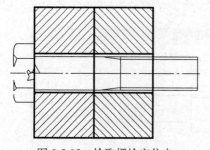

图 3-2-32　拾取螺栓定位点

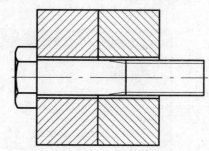

图 3-2-33　完成螺栓装配

（4）按照同样的方法调入 GB95—2002 平垫圈－C 级　M18，以中心线与右边交点为定位点，如图 3-2-34 所示，旋转角为－90°，结果如图 3-2-35 所示。

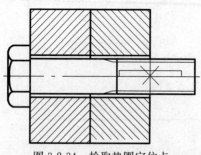

图 3-2-34　拾取垫圈定位点

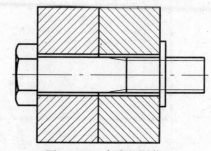

图 3-2-35　完成垫圈装配

（5）按照同样的方法调入 GB/T 41—2000 六角螺母－C 级　M18，以中心线与垫圈右边交点为定位点，如图 3-2-36 所示，旋转角为－90°，结果如图 3-2-37 所示。

4．标注尺寸和引出说明

（1）选择"标注"→"尺寸标注（S）"→"尺寸标注（D）"命令或单击工具栏中"尺寸标注"

按钮,打开尺寸标注命令。在立即菜单中选择"基本标注",分别标注如图 3-2-38 所示的图形基本尺寸。

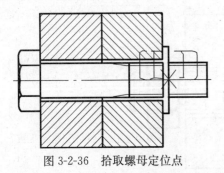

图 3-2-36 拾取螺母定位点

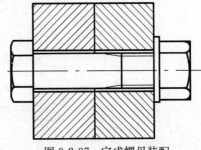

图 3-2-37 完成螺母装配

(2)选择"标注"→"引出说明"命令或单击工具栏中"引出说明" 按钮,系统弹出"引出说明"对话框,在上说明栏内输入"GB/T 5780—2000 六角螺母—C 级",如图 3-2-39 所示。

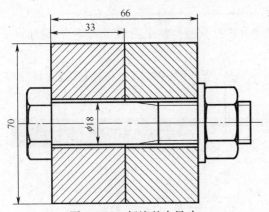

图 3-2-38 标注基本尺寸

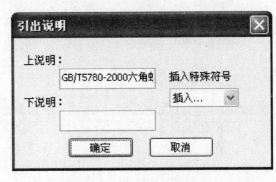

图 3-2-39 "引出说明"对话框

(3)输入完成后,单击"确定" 确定 按钮,系统提示"第一点:",拾取螺栓并移动光标,将引出说明拖放到合适的位置单击即可,结果如图 3-2-40 所示。

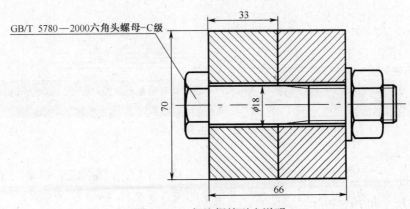

图 3-2-40 标注螺栓引出说明

（4）按同样的方法分别标注垫圈和螺母的引出说明，结果如图 3-2-41 所示。

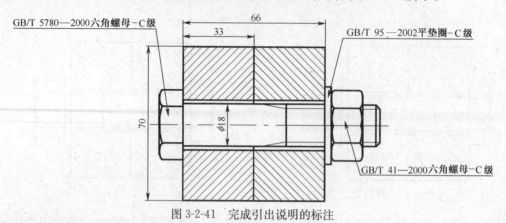

图 3-2-41　完成引出说明的标注

（六）保存图形

1. 调整图形的位置

在 A3 图纸幅面内，可根据需要调整各题图形的位置，从而使整个图纸布局整洁、美观。

2. 使整个视图充满屏幕

选择"视图"→"显示全部"命令或单击工具栏中"显示全部"按钮（也可按【F3】键），使整个视图充满屏幕，如图 3-2-42 所示。

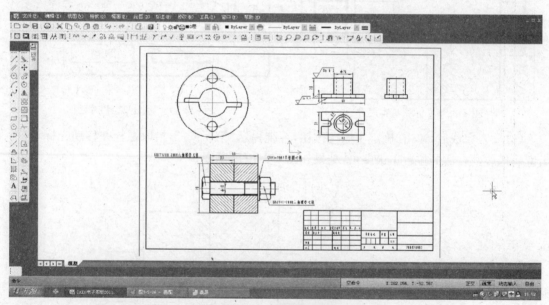

图 3-2-42　视图充满屏幕

3. 保存文件

选择"文件"→"存储文件"命令或单击"标准"工具栏中"保存"按钮，弹出"另存文件"对话框，选择需要保存的位置及文件名（按考卷指定的位置及文件名，学号：200820003），单击"保存"按钮，完成文件的保存。

思考与练习

模拟初级制图员考证试题

考试要求：

(1)按 1∶1 比例绘图。

(2)尺寸标注参数使用系统缺省设置。

(3)分层绘图。图层、颜色均按系统默认设置。

(4)各题图形的位置可自行确定。

(5)存盘前便图框充满屏幕。

(6)存盘时文件名采用考试号码。

1. 调用图框和标题栏(见图 3-2-43)(10 分)

图框形式:统一标准的 A3 幅面图框(横放)。

标题栏形式:如图所示

在对应框内填写姓名和准考证号

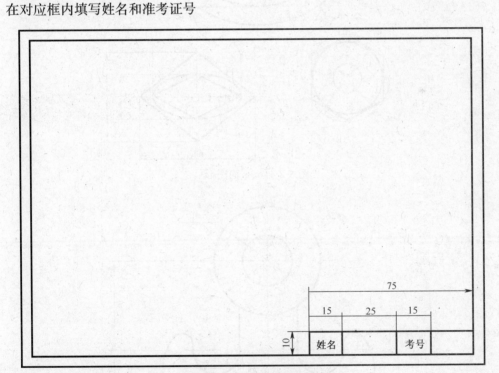

图 3-2-43　调入图框和标题栏

2. 画平面图形(见图 3-2-44)(不标注尺寸)(40 分)

3. 画平面对称图形(见图 3-2-45),标注尺寸(20 分)

4. 画组合体三视图(见图 3-2-46),标注尺寸(30 分)

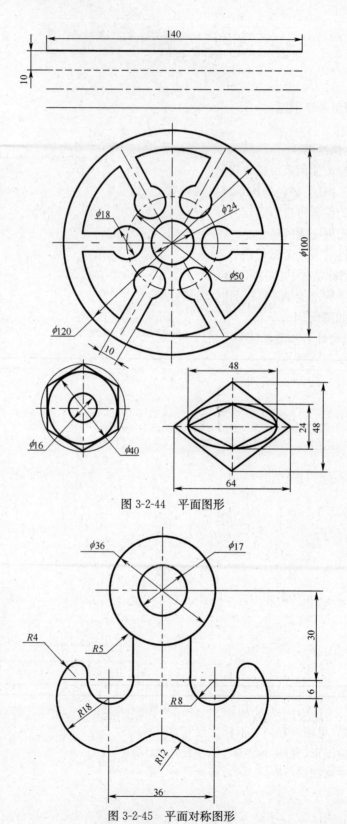

图 3-2-44　平面图形

图 3-2-45　平面对称图形

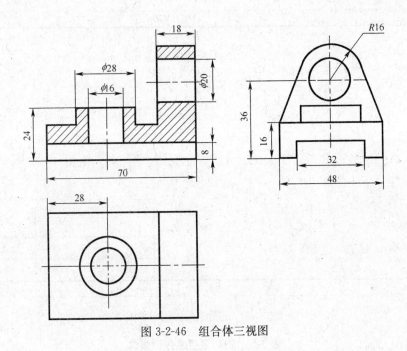

图 3-2-46　组合体三视图

任务三　更进一步——再考制图员(中级)

任务背景

根据《制图员国家职业标准》规定,制图员中级计算机绘图技能要求为能绘制简单的二维专业图形并能使用软件对成套图纸进行管理。具体包括图层设置的知识、工程标注的知识、调用图符的知识、属性查询的知识及管理软件的使用知识。

任务设置

制图员中级操作技能考核试卷(机考)

试题 1　初始绘图环境设置

(1)本题分值:10 分。

(2)考核时间:20 分种。

(3)具体考核要求:

①设置 A3 图幅大小,绘制图 3-3-1 所示的边框及标题栏,在对应框内填写姓名和准考证号,字高为 7。

②尺寸标注按图中格式,尺寸参数:字高 3.5 mm,箭头长度为 3.5 mm,尺寸线延伸长度为 2 mm,其余参数使用系统缺省配置。

③分层绘图。图层、颜色、线型要求表 3-1 所示。

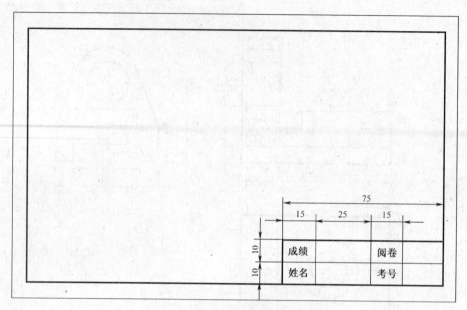

图 3-3-1　重新生成初始环境图

表 3-1　图层、颜色及线型要求

用　途	层　名	颜　色	线　型	线　宽
粗实线	0	紫	实线	0.5
细实线	1	黄	实线	0.25
虚线	2	洋红	虚线	0.25
中心线	3	黑/白	点划线	0.25
尺寸标注	4	蓝	实线	0.25
文字	5	蓝	实线	0.25

其余参数使用系统缺省配置。另外需要建立的图层，考生自行设置。

④将试题 2 试题 3 图形分别储存不同文件中，均匀分布在边框线内。存盘前使图形充满屏幕，文件名采用准考证号码加"01"及"02"。

(4)否定说明：图形文件没有保存在指定磁盘位置，相当于考生没有交卷，因此不得分。

试题 2　使用计算机绘图软件抄画平面图形

(1)本题分值：15 分。

(2)考核时间：30 分钟。

(3)具体考核要求：读懂平面图形各项内容，使用计算机绘图软件抄画平面图形，如图 3-3-2 所示。

①按照不同类型图线或其他要求设置图层、使用图层，分层绘图。

②能熟练使用计算机绘图软件的工程标注功能，按照图中格式标注尺寸。

③设置图纸幅面 A3，比例 1∶2，将平面图形均匀分布在边框线内。

④存盘前使图框充满屏幕，文件名采用"准考证号码＋01"。

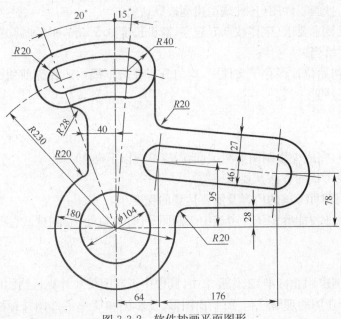

图 3-3-2　软件抄画平面图形

试题3　抄画箱体零件图

(1)本题分值：35 分。

(2)考核时间：50 分钟。

(3)具体考核要求：如图 3-3-3 所示。

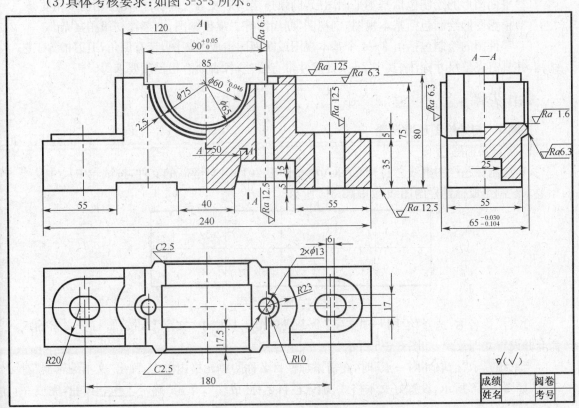

图 3-3-3　滑动轴承座

①按尺寸 1:1 抄画零件图（各种线型粗度按默认值）。

②抄注尺寸及技术要求（字体按 3.5 号字，箭头长度 3.5 mm，粗糙度符号按默认值）。

③视图布局要恰当。

④将零件图、初始位置保存于文件中，均匀分布在边框线内。存盘前使图框充满屏幕，文件名采用"准考证号码＋02"。

任务目标

通过本次任务，完成中级制图员测试试卷，应掌握以下操作：

◇ 了解制图员考试的方法及要求

◇ 熟悉中级制图员考试的内容及所要达到的程度

◇ 完成国家职业技能鉴定统一考试中级制图员《计算机绘图》测试试卷

任务分析

按照《制图员国家职业标准》工作要求中，其中中级制图员对计算机绘图的技能要求中，对能绘制简单二维专业图的理解应包括：平面图形、投影图和简单零件图并标注尺寸，兼顾其他具有可考性的内容，确定中级制图员操作技能试题分为初始环境设置，平面图形的绘制，投影图的绘制，零件图的绘制四部分。

（1）初始环境设置包括图幅的设定，标题栏、边框线的绘制，图层的要求，以及其他 初始参数的设置。

（2）平面图形的绘制包括基本平面图形，圆弧连接图形及其尺寸标注，图形比初级稍复杂。

（3）投影图的绘制包括基本视图，剖视图，断面图等二维投影图，图形比初级稍复杂。

（4）零件图的绘制包括由 2～4 个基本视图或断面图组成的视图，带有倒角，退刀槽等工艺结构，并具有完整尺寸标注，其中 2～4 处尺寸带有公差，各表面有粗糙度要求等。

操作步骤

试题 1　初始绘图环境设置

1. 自定义标题栏

（1）绘制标题栏图框线。打开 CAXA 电子图板 2011 并创建新的文件，按试卷中尺寸及线型要求绘制组成标题栏的图线，如图 3-3-4 所示。

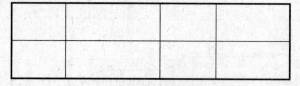

图 3-3-4　标题栏图线

输入栏目名称：选择"绘图"→"文字"命令或单击工具栏中"文字"A 按钮，打开文字输入命令并设置立即菜单，如图 3-3-5 所示。

当系统提示"拾取环内一点"时，在需添加栏目名称的单元格内单击，弹出"文本编辑器"对话框，如图 3-3-6 所示，设置好文本格式，输入栏目名称"成绩"，单击"确定" 确定 按钮，完成一

1. 搜索边界　▼　2. 边界间距系数：　0

拾取环内一点：

图 3-3-5　"文字"立即菜单

个栏目名称的输入。

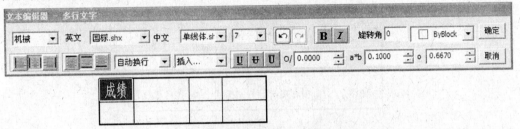

图 3-3-6　输入标题栏栏目名称的文字

重复"文字"命令，在下图中输入"姓名"、"阅卷"、"考号"，结果如图 3-3-7 所示。

(2)设置标题栏名称属性。选择"绘图"→"块"→"属性定义"命令或单击"绘图"工具栏中"属性定义" 按钮，弹出"属性定义"对话框，按试题要求填写或设置内容，如图 3-3-8 所示。

单击"确定" 确定 按钮后，系统提示"拾取环内一点"，在相应标题栏单元格内单击，即完成一个属性的设置，如图 3-3-9 所示。

重复"属性定义"命令，完成"姓名"、"阅卷"、"考号"的属性定义设置，结果如图 3-3-10所示。

成绩		阅卷	
姓名		考号	

图 3-3-7　标题栏栏目名称

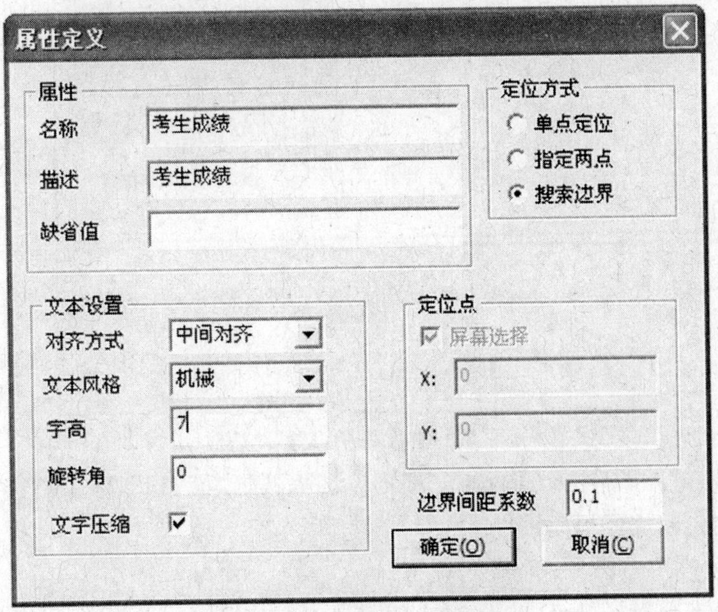

图 3-3-8　"属性定义"对话框

(3)定义标题栏。选择"幅面"→"标题栏"→"定义"命令或单击工具栏中"定义标题栏" 按钮，打开定义标题栏功能。

成绩	考生成绩	阅卷	
姓名		考号	

图 3-3-9　属性设置

成绩	考生成绩	阅卷	阅卷人
姓名	考生姓名	考号	准考证号

图 3-3-10　完成的标题栏属性设置

打开定义标题栏功能后，系统提示"拾取元素："，拾取上述所绘制的组成标题栏的图形元素，按【Enter】键或右击确认；这时系统提示"基准点"，单击图形的右下角，系统弹出"保存标题栏"对话框，输入标题栏的名称，例如 my，单击"确定" 确定 按钮，完成标题栏的保存。

2. 调用图框与标题栏

选择"幅面"→"图幅设置"命令或单击工具栏中"图幅设置"按钮，弹出"图幅设置"对话框，如图 3-3-11 所示。

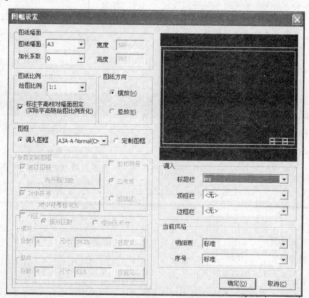

图 3-3-11　"图幅设置"对话框

图纸幅面选择"A3"，图纸方向选择"横向"，图框选择"横 A3"，标题栏选择"my"格式，单击"确定" 确定 按钮，完成幅面设置。

3. 填写标题栏

选择"幅面"→"标题栏"→"填写"命令或单击工具栏中"填写"按钮，打填写标题栏对话框。在"属性值"文本框中，输入自己的姓名及考证号，如图 3-3-12 所示。单击"确定" 确定 按钮，完成标题栏填写。

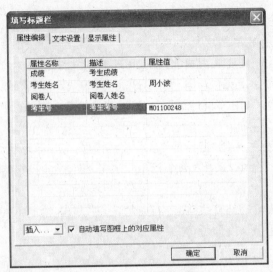

图 3-3-12 填写标题栏

4. 尺寸标注格式设置。

选择"格式"→"尺寸"命令或单击工具栏中"尺寸" 按钮,打开"尺寸标注风格"对话框,文本字高设为 3.5 mm,尺寸界限延伸长度设为 2 mm,箭头长度设为 3.5 mm。单击"确定" 确定 按钮,完成尺寸风格的设置。

5. 图层、颜色、线型等设置

选择"格式"→"图层"命令单击工具栏中"图层" 按钮,按要求设置各图层的层名、颜色、线型及线宽,如图 3-3-13 所示。

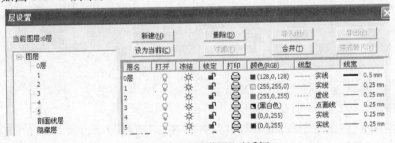

图 3-3-13 "层设置"对话框

6. 保存文件

命名为准考证号码(如:M01100248)保存文件。

试题 2 使用计算机绘图软件抄画平面图形

1. 绘制轮廓定位线

(1)将当前层设为 3 层(中心线层)。

(2)打开"正交"模式,选择"直线"命令绘制垂直相交的两条直线,长度根据图形大小适当即可。

(3)关闭"正交"模式,选择"直线"命令绘制的两条倾斜的定位直线,第一点拾取交点,第二点用相对极坐标方式输入,分别可输入"@300<85"、"@300<110"(300 是大约长度尺寸,最后根据图形轮廓用适当拉伸处理)。

(4)选择"圆弧"命令绘制 $R230$ 的圆弧,可采用"圆心—半径—起终角"方式。起始角为"85°",终止角为"110°",结果如图 3-3-14 所示。

2. 绘制左侧部分轮廓线

(1)将当前层设 0 层(轮廓线层)。

(2)选择"圆"命令绘制同心圆,直径分别为 $\phi104$ 及 $\phi180$。

(3)选择"等距线"命令,绘制"双向"等距,距离为"20",定位圆弧线的两条圆弧线。

(4)选择"圆弧"命令,采用"圆心-起点-圆心角"方式绘制两圆弧(注意圆弧是按逆时针方向形成)

(5)选择"等距线"命令,采用"链拾取"方式,绘制距离为"20"环状等距线。

(6)再选择"等距线"命令,采用"单个拾取"方式,绘制左侧与竖直中心线距离为"40"的直线。

(7)打开"正交"模式,选择"直线"命令,选择"两点"方式,绘制 $R40$ 圆弧右侧竖直线,第一点拾取象限点,第二点适当长度即可,结果如图 3-3-15 所示。

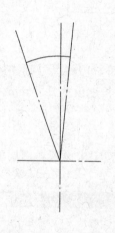

图 3-3-14　绘制定位线

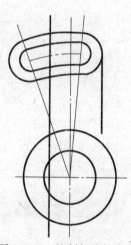

图 3-3-15　绘制部分轮廓线

3. 绘制右侧轮廓定位线

(1)将当前层设为 3 层(中心线层),关闭"正交"模式。

(2)选择"直线"命令绘制右侧倾斜的定位线,选择"两点"方式,当系统提示输入第一点时,按下参考点功能【F4】键,单击圆心作为参考点,再输入相对参考点坐标"@64,95",当系统提示输入第二点时,输入"@176,-17",按【Enter】键或右击确定。

(3)选择"直线"命令,采用"法线/切线"、"切线"、"对称"方式,绘制过倾斜定位线两端点的垂线(圆弧的定位线),结果如图 3-3-16 所示。

提示: 也可用四条等距线,距水平和垂直定位线距离尺寸分别为 64、176、95、78,找到倾斜定位线位置,再用两点直线命令绘制出此倾斜定位线。

4. 绘制右侧轮廓线

(1)将当前层设 0 层(轮廓线层),用与左侧轮廓相同方法绘制环状轮廓,结果如图 3-3-17 所示。

(2)选择"等距线"命令,采用"单个拾取"方式,绘制左上侧距离为"27"的直线;绘制圆的水平定位线距离为"28"的直线,并选择"拉伸"命令适当向右侧拉伸。如图 3-3-18 所示。

5. 绘制连接圆弧。

选择"圆角"命令，采用"裁剪"方式，绘制多处连接圆弧。圆弧半径分别为 $R28$、$R20$、$R50$。结果如图 3-3-19 所示。

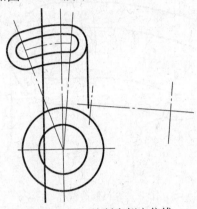

图 3-3-16　绘制右侧定位线

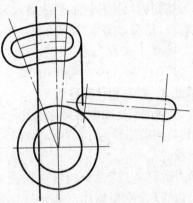

图 3-3-17　绘制右侧部分轮廓

6. 完善图形

(1)选择"裁剪"命令处理 $\phi180$ 圆弧中多余的线段。

(2)选择"拉伸"命令，将各定位线拉伸收缩到合适的位置（国家标准规定细点画线应伸出轮廓 3～5 mm），如图 3-3-20 所示。

(3)选择"打断"命令，将上部两处 $R40$ 的圆弧在切点处打断。

(4)将部分轮廓线进行修改。选择"工具"→"特性"命令或单击工具栏中"特性"▤按钮，选中要修改线段，改到 1 层（细实线层），结果如图 3-3-21 所示。

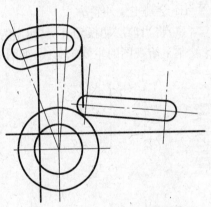

图 3-3-18　等距线绘制右侧轮廓

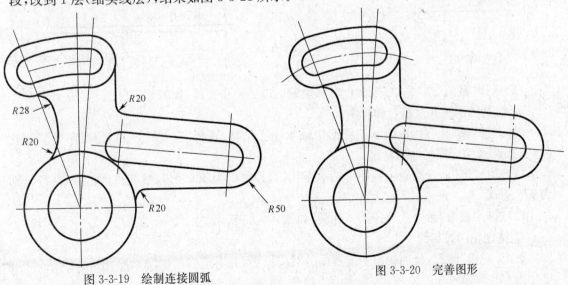

图 3-3-19　绘制连接圆弧

图 3-3-20　完善图形

提示：对于复杂平面图形，不必把的让所有轮廓绘制完成再修改，一般是一边绘制轮廓，一边进行修改，用裁剪结合删除等命令去除多余的线段，这样使图形容易辩认。

7. 抄注尺寸并保存

（1）按图形尺寸抄注图形中各尺寸（注意不要遗漏），结果如图 3-3-2 所示。

（2）按要求保存图形，文件名为"准考证号码＋01"（如"M011000248－01"）。

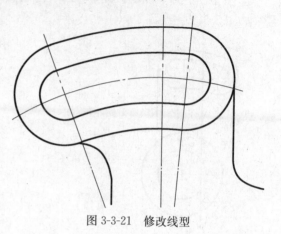

图 3-3-21　修改线型

试题 3　抄画箱体零件图

1. 绘制主俯视图中心对称线及孔定位线

（1）将当前层设为 3 层（中心线层）并打开"正交"模式。

（2）选择"直线"命令绘制主俯视图的中心及定位线（长度根据图形大小适当即可），如图 3-3-22 所示。

2. 绘制主要外轮廓

（1）将当前层切换到 0 层（粗实线层），在"正交"或"导航"模式下选择"直线"→"等距线"命令绘制主俯视图的主要轮廓线，如图 3-3-23 所示。

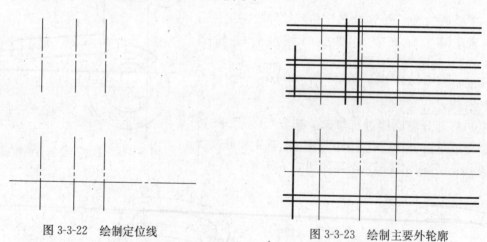

图 3-3-22　绘制定位线　　　　　　图 3-3-23　绘制主要外轮廓

（2）选择"裁剪"或"删除"等命令对多余轮廓进行初步整理，如图 3-3-24 所示。

3. 绘制轴承座孔及结合面投影

（1）选择"轴/孔"命令，绘制俯视图中轴承座孔结构，选择"圆"命令绘制俯视图中装配孔 $\phi13$ 孔投影及结合面的曲线轮廓。

（2）选择"圆"命令绘制主视图中轴承座孔，直径分别为 $\phi60$、$\phi65$，端部凸台轮廓，直径分别为 $\phi75$、$\phi80$。

（3）选择"裁剪"命令裁剪掉上半部圆，如图 3-3-25 所示。

4. 整理轮廓投影线

按"长对正"原理，分别找出主俯视图的对应投影，并对俯视图中轴承座孔进行倒角，倒角尺寸为 C2.5，如图 3-3-26 所示，并作适当裁剪，结果如图 3-3-27 所示。

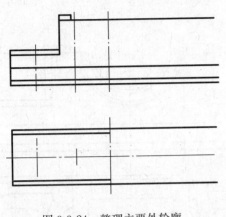

图 3-3-24　整理主要外轮廓

图 3-3-25　绘制轴承孔及结合面

5. 绘制安装凸台

按图中要求尺寸,选择"圆"、"直线"、"裁剪"命令,绘制、修正安装凸台及凸台上安装孔的的主俯视图轮廓,结果如图 3-3-28 所示。

6. 镜像图形

由于轴承座是左右对称的结构,将上述绘制的主、俯视图的主要轮廓选择"镜像"命令,选择左侧主要轮廓镜像到右侧,如图 3-3-29 所示。

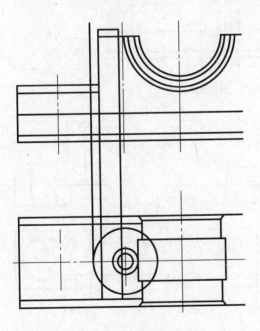

图 3-3-26　按长对正补充投影

图 3-3-27　整理轴承孔及结合面轮廓

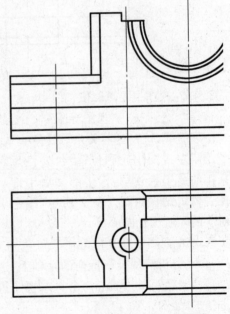

7. 绘制主视图中座体底部等结构的位置线

(1)主视图采用的是半剖视图,按图示尺寸,选择"等距线"命令绘制主视图中装配孔 $\phi13$、安装孔(长度方向尺寸 17＋6＝23)的投影线,座底部凹槽的位置线,尺寸为 55、40、50,结果如图 3-3-30所示。

（2）按照半剖视图要求，对主视图中的投影进行整理，结果如图 3-3-31 所示。至此主俯视图主要轮廓完成。

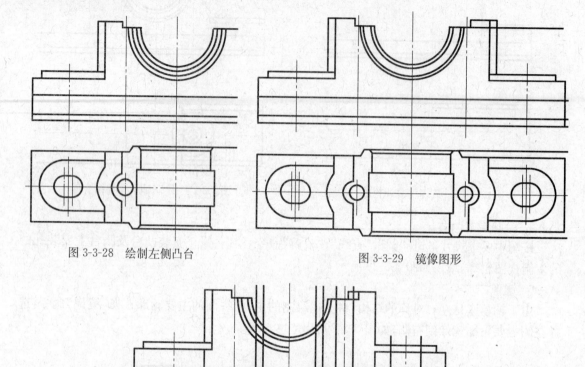

图 3-3-28　绘制左侧凸台　　　　　　　　图 3-3-29　镜像图形

图 3-3-30　绘制主视图其他结构位置线

8. 作左视图主要轮廓位置线。

选择"工具"→"三视图导航"命令，绘制三视图导航线，按"三等"关系，选择"直线"等命令绘制左视图中轮廓位置线，要注意左视图采用的是半剖视图，前半部和后半部对应的位置要清楚。如图 3-3-32 所示，图中虚线为对应的导航位置提示。

9. 对左视图整理及补充

（1）在分析清楚投影特征的基础上，选择"裁剪"、"删除"、"直线"等命令对左视图进行初步整理，如图 3-3-33 所示。

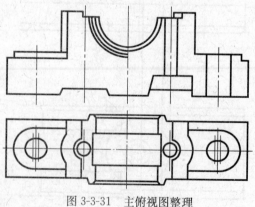

图 3-3-31　主俯视图整理

（2）选择"倒角"命令对前半部轴承座孔倒角，尺寸 C2.5。

（3）选择"等距线"命令绘制前下部的凹槽剖视投影，图中标注尺寸为 25，等距线距离为其一半 12.5。

（4）选择"裁剪"命令进行整理，结果如图 3-3-34 所示。

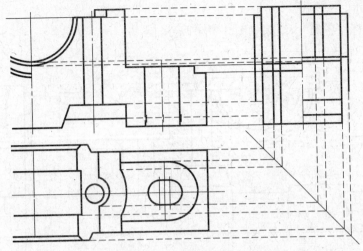

图 3-3-32　绘制左视图位置线

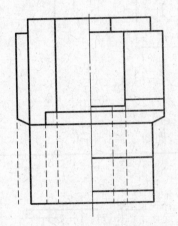

图 3-3-33　整理左视图投影

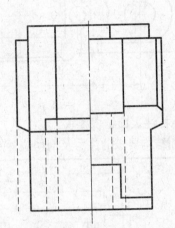

图 3-3-34　完善左视图

10. 检查图线

检查各视图并填充剖面线，如图 3-3-35 所示。

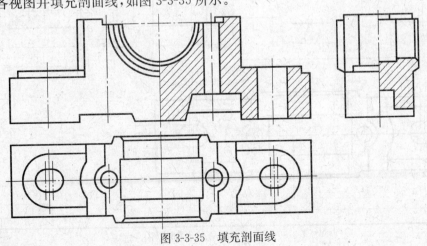

图 3-3-35　填充剖面线

11. 标注尺寸

按图中尺寸标注各尺寸,结果如图 3-3-36 所示。

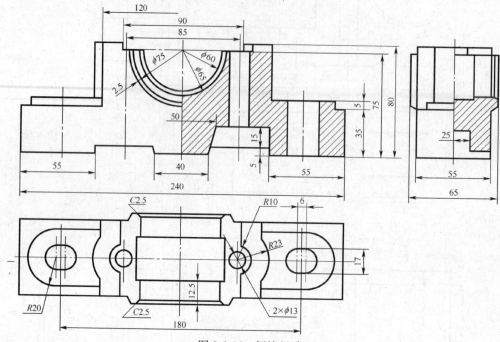

图 3-3-36　标注尺寸

12. 标注表面结构要求

表面结构要求的注写及剖切位置及剖视图名称标注,如图 3-3-37 所示。

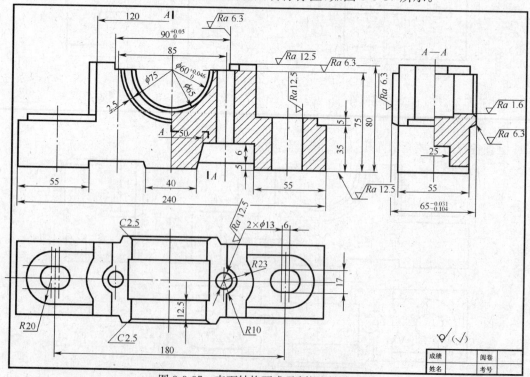

图 3-3-37　表面结构要求及剖视图的标注

13. 保存文件

设置图纸幅面,比例,对图形的放置位置作适当调整,保存文件。

思考与练习

模拟中级制图员考试试题(绘图部分)

绘图题

(1)抄画图 3-3-38 所示平面图形,并标注尺寸。

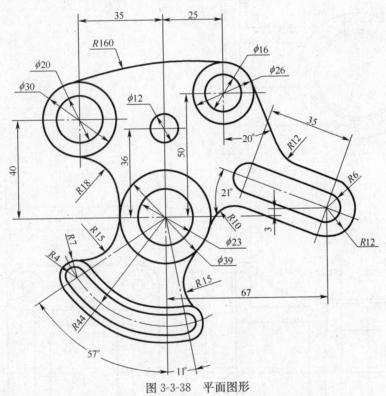

图 3-3-38 平面图形

(2)抄画图 3-3-39 所示箱体零件图,并注写表面结构要求及技术要求。

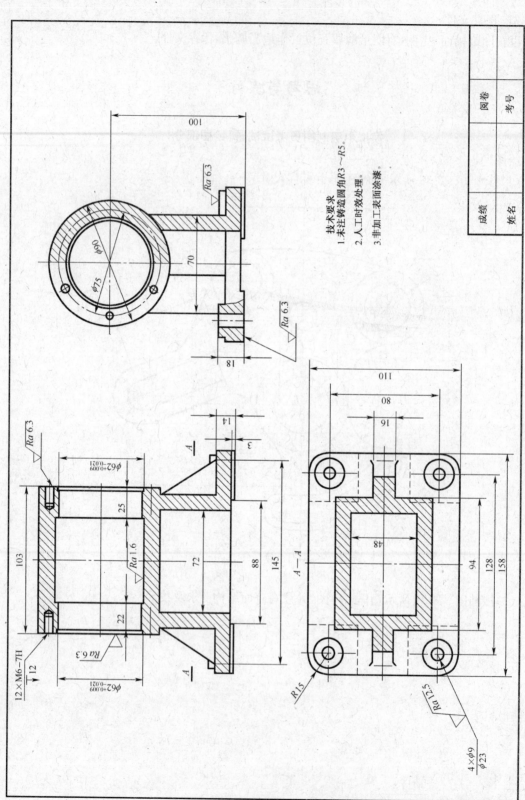

图 3-3-39　箱体零件图